GÁS NATURAL aplicado à indústria e ao grande comércio

Jorge Venâncio de Freitas Monteiro
José Roberto Nunes Moreira da Silva

GÁS NATURAL aplicado à indústria e ao grande comércio

COMGÁS
Natural

Gás natural aplicado à indústria e ao grande comércio

© 2010 Jorge Venâncio de Freitas Monteiro
        José Roberto Nunes Moreira da Silva

Editora Edgard Blücher Ltda.

Blucher

Rua Pedroso Alvarenga, 1.245, 4º andar
04531- 012 – São Paulo – SP – Brasil
Tel.: 55 (11) 3078- 5366
editora@blucher.com.br
www.blucher.com.br

Segundo Novo Acordo Ortográfico, conforme 5. ed.
do *Vocabulário Ortográfico da Língua Portuguesa*,
Academia Brasileira de Letras, março de 2009.

Ficha Catalográfica

Monteiro, Jorge Venâncio de Freitas
    Gás natural aplicado à indústria e ao grande comércio
Jorge Venâncio de Freitas Monteiro, José Roberto Nunes
Moreira da Silva. - - São Paulo: Blucher: Comgas, 2010.

    Bibliografia

    1. Gás natural - Brasil - Comércio 2. Gás natural - Bra-
sil - Indústria I. Silva, José Roberto Nunes M. da. II. Título.

10- 08545   CDD- 665.708

                Índices para catálogo sistemático:
        1. Brasil: Gás natural Indústria: Tecnologia 665.7081
        2. Brasil: Gás natural: Comércio: Tecnologia 665.7081

Homenagem Póstuma a Pedro Luiz Dus

Os autores, ainda transtornados pela recente partida de Pedro Luiz Dus, não poderiam finalizar esta obra sem prestar sua homenagem póstuma ao amigo e colega da COMGÁS que por tantos anos nos brindou com sua presença.

Acompanhamos a trajetória deste brilhante profissional por quase vinte anos, e na condição de observadores privilegiados, pudemos comprovar a sua profícua atuação no mercado da distribuição do gás natural e testemunhar os seus valores pessoais tais como honestidade, perseverança, ética, coleguismo, etc.

Pedro Dus atuou em inúmeros projetos de estações de gás em indústrias, sistemas de automação e aquisição de dados, por todo o território nacional. Em todos eles, foi notório o excelente suporte técnico por ele prestado, razão pela qual, tornou-se um nome consagrado e uma referência na comunidade gasífera do Brasil. Pedro foi um encorajador desta publicação, sendo ele citado em vários capítulos, em face da excelência dos trabalhos por ele produzidos. Os autores não poderiam deixar de registrar o seu eterno agradecimento e pesar por sua perda.

Apresentação

Nos últimos dez anos, o gás natural vem ocupando um papel de destaque na indústria e grande comércio no Brasil, face às suas inigualáveis vantagens ambientais e à eficiência energética que é obtida com a sua utilização.

Existe, no entanto, uma carência no que se refere à literatura técnica ligada a este energético que forneça uma abordagem sistematizada e holística do assunto. Os profissionais envolvidos com o gás natural na indústria e grande comércio, ao se depararem com a necessidade de obter informações técnicas a ele relacionadas, acabam por encontrar documentos fragmentados (normas, catálogos, regulamentos etc.), os quais possibilitam um entendimento às vezes detalhado, porém focado em um tópico específico. Esta publicação se propõe a contribuir para atenuar esta lacuna existente no Brasil, por meio da abordagem do tema, de maneira a possibilitar a sua visão global e abrangente.

O capítulo 1, de caráter introdutório, aborda os fundamentos da normalização, regulação técnica, meio ambiente e regulação das empresas de rede, com ênfase à realidade do Estado de São Paulo, possibilitando uma visão abrangente do seara regulatório do gás natural e a compreensão de temas complexos, como por exemplo, a formação das tarifas.

O capítulo 2 fornece uma visão do mercado do gás natural no mundo, no Brasil e particularmente nos segmentos da indústria e grande comércio.

O capítulo 3 aborda o energético gás natural propriamente dito, sua composição, propriedades, infraestrutura para obtenção, transporte e distribuição etc.

O capítulo 4 descreve os equipamentos e materiais usados para a distribuição do gás natural.

O capítulo 5 aborda as instalações internas de gás natural na indústria e grande comércio, seus equipamentos térmicos e queimadores.

O capítulo 6 fornece uma visão teórica da medição do gás, natural bem como da instrumentação e automação aplicadas no segmento em questão.

O capítulo 7 descreve as aplicações do gás natural na indústria e grande comércio.

Por fim, o capítulo 8 faz uma abordagem dos aspectos específicos de segurança ligados à aplicação do gás natural nos segmentos em questão, tais como análise de riscos, classificação de áreas, proteção contra sobrepressão e segurança na combustão.

Os autores

Conteúdo

1 Introdução

1.1 A história do gás natural no Brasil

A história do gás canalizado começou no século XIX e se desenvolveu em um ritmo que pode ser considerado satisfatório até a primeira metade de século XX, se for levada em conta a conjuntura econômica da época. A partir dos anos 1950 até a década de 1990, no entanto, o setor se estagnou, ou até mesmo regrediu, sendo que no fim desse período a distribuição se limitava aos estados do Rio de Janeiro e São Paulo. É importante ressaltar que já existiram redes de distribuição na primeira metade do século passado nas cidades de Porto Alegre, Salvador, Ouro Preto, Taubaté, Santos, Belém e Recife.

Em 1851, Irineu Evangelista de Souza, o Barão de Mauá, assinou um contrato para iluminação a gás no Rio de Janeiro, surgindo assim, de acordo com a CEG [1], em 1854, no Rio de Janeiro, com a denominação de Companhia de Iluminação a Gás, mais tarde chamada de Companhia Estadual de Gás (CEG) [1]. Com a privatização, em julho de 1997, a empresa foi desmembrada em duas, a CEG e a Riogas, para o interior do estado.

Em São Paulo, a história da [2] Companhia de Gás de São Paulo (Comgás) começou oficialmente em 28 de agosto de 1872, quando a então denominada *San Paulo Gas Company* (empresa inglesa) recebeu a autorização do Império para a prestação de serviços de distribuição de gás canalizado, de acordo com o Decreto n. 5071. Em 1974 ocorreu a mudança do nome para a atual denominação Companhia de Gás de São Paulo. Em 14 de abril de 1999, o controle acionário da Comgás foi arrematado pelo consórcio formado pela British Gas e pela Shell, por R$ 1,65 bilhão. Nesse período foram utilizados para distribuição, entre outros, o gás de carvão (1872 a 1972), o gás manufaturado de nafta e, a partir de 1989, o gás natural. O processo de conversão do gás manufaturado para o gás natural ocorreu entre 1993 e 1997. Esse último evento criou as condições necessárias para o crescimento desse mercado.

Em 1996, a Petrobras assinou um contrato de compra e venda de gás natural boliviano. O volume inicial de 4 milhões de metros cúbicos/dia atingiu em 2008 a quantidade de 8,1 milhões de metros cúbicos/dia.

1.2   Noções de normalização e regulamentação técnica

A normalização e a regulamentação técnica constituem elementos fundamentais para a indústria do gás, levando em consideração sua necessidade de atender a rígidos padrões de segurança e meio ambiente. O Brasil encontra-se em uma posição de destaque pelo fato de possuir um sistema integrado destinado a tratar dessas questões. Esse sistema é o chamado [3] Sistema Nacional de Metrologia, Normalização e Qualidade Industrial (Sinmetro), instituído pela Lei 5966, de 11 de dezembro de 1973, com a finalidade de formular e executar a política nacional de metrologia, normalização e avaliação de conformidade de produtos, serviços etc. O Sinmetro tem como órgão normativo o Conselho Nacional de Metrologia, Normalização e Qualidade Industrial (Conmetro), que por sua vez é integrado pelos seguintes Comitês, que tratam das matérias específicas de sua competência (ver Figura 1.1):

- Comitê Brasileiro de Avaliação de Conformidade (CBAC);
- Comitê Brasileiro de Metrologia (CBM);
- Comitê Brasileiro de Normalização (CBN);
- Comitê Brasileiro de Regulamentação (CBR);
- Comitê de Coordenação de Barreiras Técnicas ao Comércio (CBTC);
- Comitê Codex Alimentarius do Brasil (CCAB).

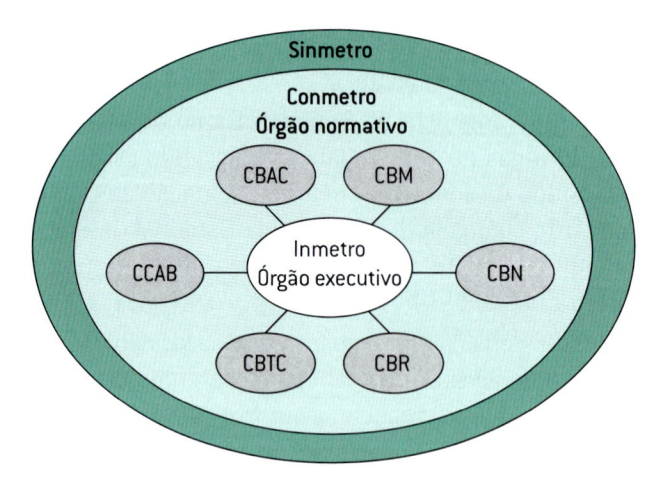

Figura 1.1.   O Sinmetro

FONTE: Sinmetro[3].

Para o setor do gás são particularmente importantes os Comitês Brasileiros de Avaliação de Conformidade (CBAC), de Metrologia (CBM), de Normalização (CBN) e de Regulamentação (CBR). É de fundamental importância que se entenda a diferença entre Normalização e Regulamentação, uma vez que ambas estão presentes na cadeia de produção, transporte e distribuição do gás natural.

1.2.1 Normalização

A normalização é um dos pilares das sociedades modernas. A normalização vem se desenvolvendo desde o final do século XIX como atividade sistematizada. Ela se iniciou nas indústrias mecânica, elétrica e da construção civil, passando a incorporar com o tempo outras atividades. A norma, segundo a ABNT ISO/IEC Guia 2: 2006 [4], pode ser definida como:

> Norma é um documento estabelecido por consenso e aprovado por um organismo reconhecido, que fornece, para uso comum e repetitivo, regras, diretrizes ou características para atividades ou seus resultados, visando à obtenção de um grau ótimo de ordenação em um dado contexto.

Embora existam diversas conceituações para normas técnicas, todas elas incorporam duas características básicas, que são o caráter voluntário e o consenso na sua elaboração.

No Brasil, as normas técnicas são elaboradas e aprovadas pela Associação Brasileira de Normas Técnicas (ABNT). A ABNT, fundada em 1940, é uma entidade privada, sem fins lucrativos, reconhecida em 1992 como o único Foro Nacional de Normalização, conforme resolução do Conmetro.

A elaboração das Normas Técnicas no Brasil tem se constituído em um pilar fundamental para o crescimento da distribuição do gás natural e o aumento da sua participação na matriz energética, com elevados padrões de qualidade e segurança. Essa atividade fica a encargo dos comitês técnicos de normalização da ABNT. Para o caso da distribuição de gás, a normalização feita pelo ABNT/CB-9 (Comitê Brasileiro de Gases Combustíveis), no que se refere às instalações propriamente ditas e pela comissão de estudos, e pelo CE – 04:005.10 – Instrumentos de medição de vazão de fluidos – do ABNT/CB-04 (Comitê Brasileiro de Máquinas de Equipamentos Mecânicos) no que tange a medição deste energético.

Normas internacionais também são comumente usadas na distribuição do gás, principalmente as elaboradas na Europa e nos Estados Unidos, oriundas de diversos organismos de normalização, tais como da International Organization for Standardization (ISO), do Comitê Europeu de Normalização (Normas EN), do Institution of Gas Enginners (IGE) da Inglaterra, da American Gas Association (AGA), da American National Standards Institute (ANSI), da – American Society for Testing and Materials (ASTM) etc.

1.2.2 Regulamentação técnica

A regulamentação técnica constitui a atividade de elaboração, implementação, revisão ou atualização de regulamentos técnicos por autoridade governamental. Em linhas gerais, a sua principal diferença da normalização é o caráter compulsório que a caracteriza. O regulamento técnico pode ser definido da seguinte forma, segundo ABNT ISO/IEC Guia 2: 2006 [4]:

> Regulamento Técnico é um documento que contém regras de caráter obrigatório e que é adotado por uma autoridade. Estabelece requisitos técnicos, seja diretamente, seja pela referência ou incorporação do conteúdo de uma norma, de uma especificação técnica ou de um código de prática.

Segundo o Ministério da Ciência e Tecnologia [3], os regulamentos técnicos são documentos normativos de caráter compulsório que contêm requisitos aplicáveis a tecnologias de produtos (incluindo serviços), processos ou bens, relacionados principalmente a saúde, meio ambiente, defesa do consumidor e práticas enganosas de comércio. Hoje em dia, a tendência é que a regulamentação técnica se restrinja a requisitos essenciais do objeto regulamentado, ou seja, contenha disposições associadas a características de desempenho do objeto, adotando como referência as normas técnicas.

No Brasil, o Instituto Nacional de Metrologia, Normalização e Qualidade Industrial (Inmetro) possui inúmeros regulamentos e portarias que se aplicam à distribuição do gás canalizado. Esses documentos abordam majoritariamente aspectos ligados a metrologia legal[1] e a segurança dos consumidores. As agências reguladoras, tais como a Agência Nacional do Petróleo, Gás Natural e Biocombustíveis (ANP) e a Agência Reguladora de Saneamento e Energia de São Paulo (Arsesp), em aditamento às suas atividades de regulamentação econômica do mercado de energia e de empresas de rede, também elaboram regulamentos técnicos ou portarias que se relacionam direta ou indiretamente à qualidade da distribuição do gás natural.

1.3 Noções de regulação das empresas de rede

A regulação econômica do mercado das empresas de rede (concessionárias de gás, água, eletricidade etc.) envolve uma ampla gama de objetivos, tais como a promoção da competição, o incentivo à eficiência, a garantia de livre acesso às redes (em mercados consolidados), a correção das imperfeições do mercado e, principalmente, a garantia de qualidade ao serviço prestado que, no caso específico do

---

[1] Segundo o MCT *apud* OIML, Metrologia legal é: "a parte da metrologia que trata das unidades de medida, métodos de medição e instrumentos de medição, em relação às exigências técnicas e legais obrigatórias, cujo objetivo é assegurar a garantia pública do ponto de vista da segurança e da exatidão das medições".

nosso tema, refere-se à distribuição do gás canalizado. A implantação das denominadas doutrinas regulatórias tem, em menor ou maior intensidade, ocorrido em praticamente todos os países do mundo, os quais têm passado por transformações que começaram a ocorrer na década de 1990, e que implicaram um reordenamento na indústria do gás natural e no comportamento dos seus agentes.

No Brasil, esse processo encontra-se em evolução, havendo inúmeros regulamentos publicados. A regulação econômica do mercado do gás natural no Brasil é executada pela ANP (transporte) em âmbito federal, ficando nos estados a encargo das agências reguladoras estaduais, tais como a Arsesp, para o caso do estado de São Paulo (distribuição).

1.3.1 Regulação econômica do mercado das empresas de rede de gás combustível no mundo

As empresas Distribuidoras de Gás, a exemplo do que ocorreu com a energia elétrica, foram se agigantando desde o início do século XX em torno das suas áreas geográficas de atuação. Por volta dos anos 1950 era notória a atuação dessas empresas nas condições de monopólio territorial e de serviço público, com forte grau de integração vertical e horizontal. Dessa forma, sob o ponto de vista econômico, essas empresas possuíam tendência para a concentração de capital. A Figura 1.2 ilustra o modelo clássico da cadeia de abastecimento do seu insumo de uma empresa de rede (por exemplo, de gás canalizado) em um ambiente tipicamente de monopólio natural não regulamentado.

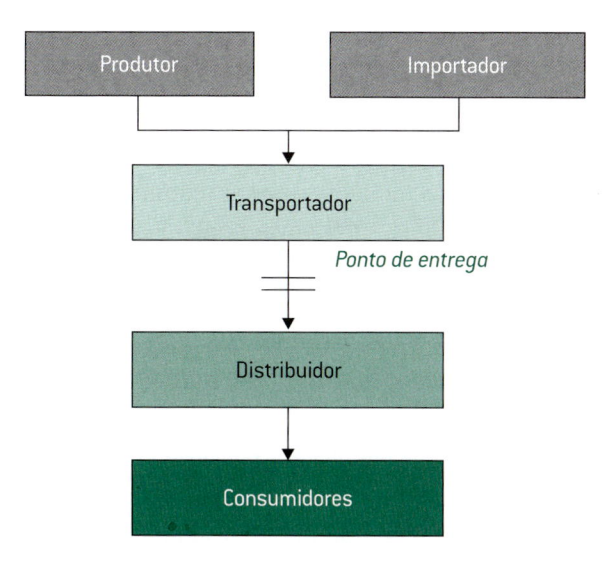

Figura 1.2   Modelo clássico de atuação das empresas de rede

FONTE: Autores.

A partir dos anos 1960 esse modelo passa a ser questionado no que tange a sua eficiência, e no presente momento a indústria do gás natural vive um período de transição paradigmática caracterizado pelo incentivo à concorrência, privatizações das empresas, abertura de terceiros às redes de transporte e distribuição etc. O carro-chefe desse processo de mudanças é a denominada doutrina regulatória, a qual procura manter a estabilidade dos agentes econômicos a consistência temporal. A Figura 1.3 ilustra o modelo da cadeia de abastecimento de uma empresa de rede. Nela, pode-se observar que o acesso ao insumo (gás canalizado, por exemplo) pode ser comercializado de diferentes maneiras, uma vez que foi introduzido o acesso a terceiros das redes (gasodutos), o que é geralmente viabilizado por meio de um novo coadjuvante denominado de *brocker*.

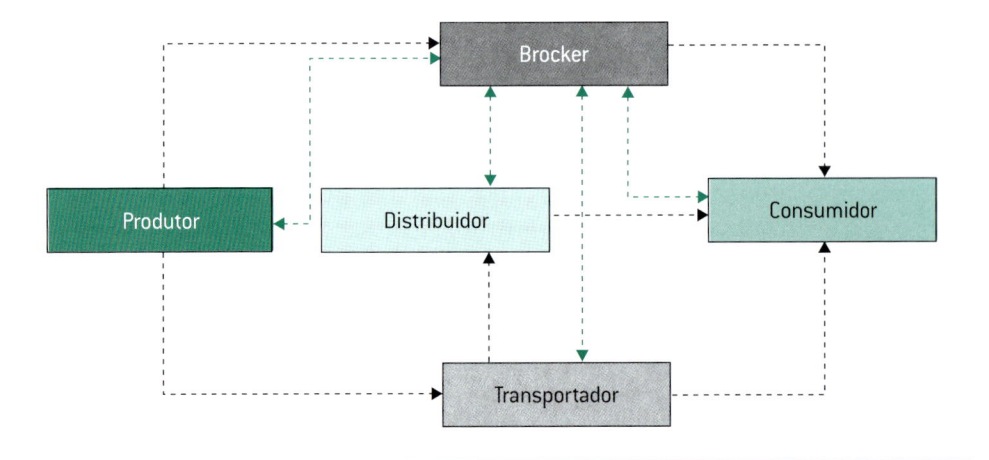

Figura 1.3   Modelo em implementação no mundo de atuação das empresas de rede

FONTE: Autores.

A introdução deste novo modelo pode ser exemplificado com o que ocorreu nos Estados Unidos. Até os anos 1980 havia controles de preços nessa nação. O modelo clássico trouxe problemas, como o racionamento, nos anos 1970, e, depois, excesso de oferta (bolha do gás). A mudança começou nos anos 1970, culminando em 1992 com a publicação da Ferc[2] – ordem 636. De acordo com essa lei, as empresas proprietárias dos gasodutos são exclusivamente transportadoras (a não mais vendedoras e transportadoras, como anteriormente).

As concessionárias de gás canalizado passaram a oferecer os denominados *unbundled services*, por meio dos quais um consumidor pode escolher um "pacote" de fornecimento de GN que compreende a escolha do fornecedor, transportador, armazenador e outros serviços. Empresas especializadas (*brokers*) surgiram para gerir esses serviços. Todos os preços foram desregulamentados.

---

[2]   A sigla "Ferc" se refere à Federal Energy Regulatory Commission, que é o órgão federal de regulação econômica dos Estados Unidos.

1.3.2. Regulação econômica do mercado das empresas de rede de gás combustível no Brasil

As empresas de rede no Brasil eram reguladas pelo regime de concessão/delegação pelos municípios (atividade de serviço público).

Com o tempo, os serviços públicos no Brasil foram transferidos para os estados em virtude de uma série de razões, tais como problemas relacionados ao regime de remuneração garantida, demandas nacionalistas, e até mesmo desinteresse da concessionária em renovar a concessão. Esse processo teve início na década de 1930, com a promulgação do Decreto-Lei n. 395, de 1938, que criou o Conselho Nacional do Petróleo (CNP), o qual, durante o período de 1939 a 1953, supervisionava, regulamentava e executava as atividades petrolíferas no Brasil. Em 3 de outubro de 1953, foi promulgada a Lei 2.004, a qual basicamente institui, a favor da União, o monopólio estatal do petróleo, por intermédio da Petrobras como órgão da sua execução. A Petrobras passou a exercer as atividades relacionadas com a produção de gás, como uma extensão dessa lei, caracterizando-se assim uma situação de monopólio.

A partir de 1988, uma série de acontecimentos começou a criar um cenário promissor para a indústria do gás canalizado. Foi promulgada a Constituição da República Federativa do Brasil, de 5 de dezembro 1988 [5], com os seguintes artigos que afetam esse setor:

- Artigo 177: Monopólio da União – quanto ao petróleo e gás natural – pesquisa e lavra (produção) das jazidas, importação e exportação e transporte. A Petrobras, por força da Lei n. 2.004/53, é a executora do monopólio da União.
- Artigo 25, parágrafo 2°: Distribuição de Gás Natural, na forma canalizada, é competência dos estados, sob regime de concessão ou exploração direta.

A regulação e a fiscalização passaram a caber:

- Nas atividades de competência da União: Ao Departamento Nacional de Combustíveis (DNC), órgão do Ministério de Minas e Energia (mais tarde extinto pela criação da ANP, em 1997, pela Lei n. 9.478).
- Nas atividades de competência dos estados: Aos governos estaduais, na qualidade de poder concedente dos serviços.

Nessa época, foram criadas empresas de distribuição de gás nos estados da Bahia, Sergipe, Alagoas, Pernambuco, Paraíba, Rio Grande do Norte e Ceará, Minas Gerais, Paraná, Santa Catarina e Rio Grande do Sul.

A estruturação do marco regulatório que representou um fator de alavancagem para o desenvolvimento da indústria do gás natural foi a promulgação da Lei n. 9.478/97 [6], que dispôs acerca da política energética nacional e as atividades relacionadas ao monopólio do petróleo. Essa lei instituiu o Conselho Nacional da Política Energética (CNPE) e a Agência Nacional do Petróleo (ANP), e fornece parâmetros para a política de preços do petróleo, dos derivados e do gás natural. Ela estabelece ainda que o monopólio da União pode ser exercido mediante concessão ou autorização por empresas constituídas sob as leis brasileiras, com sede e administração no País. Basicamente, a partir da promulgação dessa lei, o governo deixa de ser operador e interventor para se tornar apenas regulador e controlador das operações de concessionários com a função principal de criar normas e procedimentos, e de fiscalizar sua aplicação. O foco principal da ação governamental volta a ser o interesse da sociedade em geral e dos usuários dos produtos e serviços em particular. A criação do CNPE e da ANP visou construir uma nova matriz energética brasileira, com os seguintes enfoques:

- alinhar o Brasil com o estado da arte mundial;
- tornar o país industrialmente competitivo nos frontes interno e externo;
- permitir o desenvolvimento de políticas de resultado social como o emprego e a distribuição da renda nacional.

A ANP é uma autarquia vinculada ao Ministério das Minas e Energia. Suas principais funções são:

- licitar e fiscalizar as atividades da Concessionária;
- autorizar refino, importação e exportação, processamento e transporte do gás, derivados e petróleo.

Com a criação da ANP foi idealizado um modelo de regulação econômica calcado nos anseios do mercado de energia no mundo, na época, e que prevê as figuras do produtor de gás natural, do transportador e do carregador, similares à figura do *broker* (Figura 1.4).

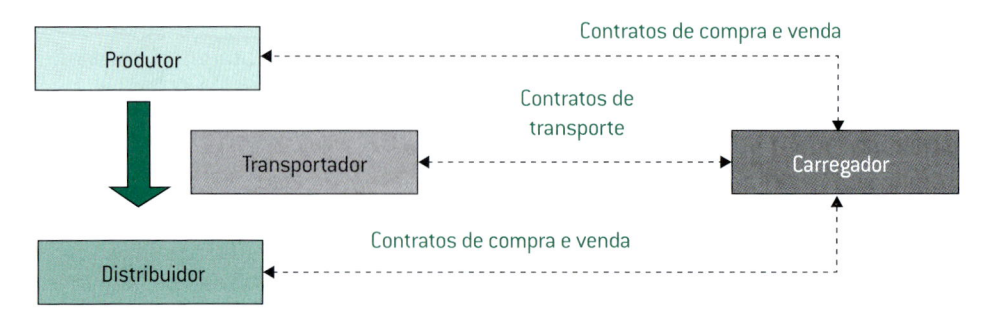

Figura 1.4   Modelo brasileiro de regulação da produção e transporte do gás natural

O CNPE possui funções consultivas, estabelecendo políticas nacionais e propondo subsídios ao Congresso Nacional.

No âmbito do Estado de São Paulo foi promulgada a Lei Estadual n. 9.361 [7], de 1996, que criou o Programa Estadual de Desestatização e Reestruturação das Empresas Energéticas do Estado de São Paulo (PED). A Lei Complementar n. 833/95 [8], por sua vez, criou a Comissão de Serviços Públicos de Energia (CSPE), órgão regulador do Estado de São Paulo – atual Agência Reguladora de Saneamento e Energia do Estado de São Paulo (Arsesp) – o qual possui as seguintes diretrizes:

- coibir a ocorrência de discriminação no uso e acesso à energia;
- proteger o consumidor quanto a preços, continuidade e qualidade do fornecimento de energia;
- aplicar metodologias que proporcionem a modicidade das tarifas;
- assegurar à sociedade amplo acesso às informações sobre a prestação dos serviços públicos de energia e a atividade da Comissão;
- publicidade das informações quanto à situação dos serviços e aos critérios de determinação das tarifas.

As suas competências são, entre outras:

- cumprir e fazer cumprir a legislação específica relacionada à energia;
- regular, controlar e fiscalizar a geração, produção, transmissão, transporte e distribuição de energia, naquilo que lhe couber originariamente ou por delegação;
- fixar normas, recomendações técnicas e procedimentos relativos aos serviços de energia;
- aprovar níveis e estruturas tarifárias;
- promover e organizar licitações para outorga de concessão ou permissão de serviços públicos de energia;
- promover e organizar licitações para outorga de concessão ou permissão de serviços públicos de energia.

1.4 Tarifação do gás natural

As sistemáticas atuais de tarifação no Brasil tendem a refletir as linhas mestras preconizadas pela reestruturação da indústria do gás natural nos Estados Unidos, ocorrida no início dos anos 1980, que foram resumidas na Seção 1.3. Segundo Krause [9], esse movimento conferiu especial importância à separação contábil e até societária das atividades de produção, transporte e comercialização do gás natural.

O Brasil procurou se alinhar com esse movimento por ocasião das reformas da indústria do gás ocorridas nos anos 1990, particularmente no estado de São Paulo, que foi o pioneiro na implantação de doutrinas regulatórias modernas, por ocasião do plano de desestatização. Neste estado, a tarifa do gás natural foi estabelecida por meio da equação a seguir, por ocasião da outorga de concessão para exploração dos serviços de distribuição de gás canalizado às três concessionárias existentes:

$$T = P_G + P_T + M_D \qquad (1.1)$$

Onde:
T é a tarifa do gás;
P_G é o custo do gás (*commodity*);
P_T é o custo do transporte do gás;
M_D é a margem de distribuição.

Diante do exposto, o preço do gás natural que é vendido às concessionárias é composto, fundamentalmente, por duas parcelas, uma referida como *commodity*, destinada a remunerar o produtor, e outra denominada tarifa de transporte, destinada ao serviço de movimentação do gás entre as áreas de produção e consumo.

1.4.1 Custo do gás (*commodity*)

Até dezembro de 2001, o preço do gás natural de origem nacional foi regulamentado pela portaria interministerial MME/MF 003/2000 que estabelecia reajustes trimestrais de acordo com o câmbio e o preço internacional de cesta de óleos. Em janeiro de 2002, ocorreu a liberalização dos preços dos combustíveis e a Petrobras passou a decidir livremente sua política de preços para a *commodity*. Já o preço do gás importado é determinado por meio de acordo entre as partes e expresso contratualmente.

1.4.2 Custo do transporte do gás

Segundo a ANP [10], existem basicamente dois tipos de serviços de transporte de gás natural por gasodutos: o serviço de transporte firme (STF) e o serviço de transporte interruptível (STI). No serviço firme, o usuário contrata uma reserva de capacidade no gasoduto e passa a ter o direito de movimentar um volume diário de gás limitado por essa capacidade. O serviço interruptível depende da ociosidade de capacidade no gasoduto.

Para ambos os serviços é exigida pela ANP [10] transparência por ocasião da explicitação da natureza dos custos atribuíveis às suas prestações. Nesse sentido, é recomendado que a tarifa de serviço de transporte firme seja estruturada com base nos custos fixos (capacidade de recepção, entrega e transporte que não dependem da distância) e nos custos variáveis inerentes ao transporte propriamente dito. Já a tarifa do serviço de transporte interruptível deve ser estruturada em função da probabilidade de interrupção e da qualidade relativa desse serviço.

Para interessados em contratar serviço de transporte interruptível, o livre acesso é previsto com base na capacidade não utilizada de transporte (Figura 1.5).

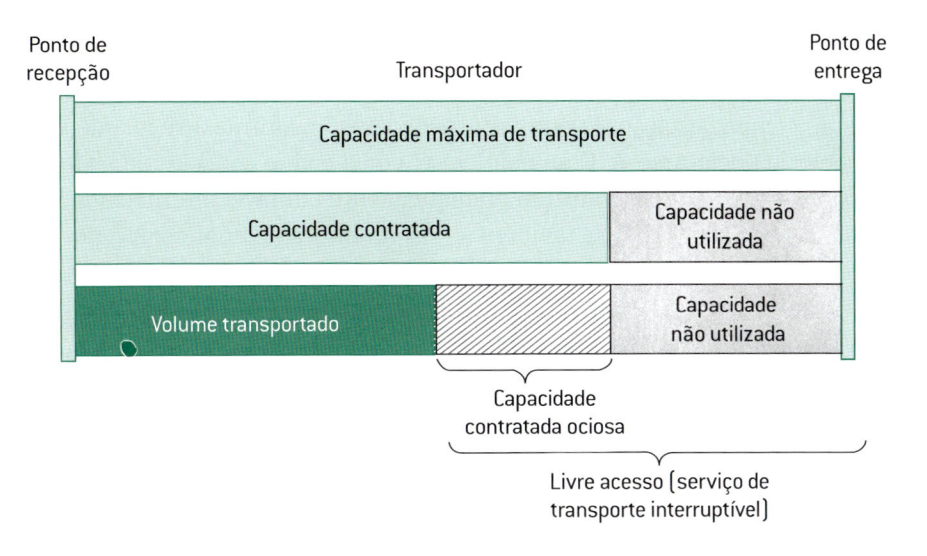

Figura 1.5   Modelo brasileiro de regulação da produção e transporte do gás natural

1.4.3 Custo da margem de distribuição

A margem das concessionárias de gás canalizado e os níveis tarifários para cada tipo de cliente são definidos pelos seus contratos de concessão.

No contexto atual, a tendência, principalmente nos países mais desenvolvidos, é para que a estruturação tarifária das margens de distribuição se alinhe com os objetivos e princípios contidos na regulação econômica, isto é, promover a competitividade das tarifas e a concorrência, bem como manter sustentável o negócio da distribuição na presença de futuros novos atores. Para atingir esse objetivo, essa estruturação tarifária utiliza-se de instrumentos previstos nas teorias de regulação econômica de monopólios, uma vez que as indústrias de infraestrutura de rede – tais como transportes, água e saneamento, energia etc. – caracterizam-se, por sua própria natureza, como monopólios naturais.

A regulação econômica do mercado de gás canalizado do Estado de São Paulo, exercida pela Arsesp, alinha-se com essas diretrizes. O regime tarifário estabelecido nos contratos de concessão é regulado por meio de uma das metodologias preconizadas pelas teorias de regulação econômica, que é a denominada de margem máxima (MM), a qual dá à Concessionária do serviço de distribuição a oportunidade de obter uma rentabilidade apropriada sobre seus investimentos, permitindo assim recuperar os custos razoáveis da prestação do serviço, tais como os custos operacionais, e os custos de capital e impostos necessários para desenvolver suas atividades. Dessa forma, são estabelecidas tarifas-teto por cada tipo de serviço. Estas, por sua vez, são revisadas a cada cinco anos, com o objetivo de melhor refletir os custos de prestação do serviço. Os contratos de concessão da Arsesp preveem o fim do período de exclusividade na comercialização de gás canalizado aos usuários não residenciais. (Para a Comgás, esse período abrangeu 12 anos, desde o início da concessão e para a Gás Brasiliano Distribuidora S.A e Gás Natural São Paulo Sul S.A – 12 anos para cada sistema de distribuição construído). Finalizado esse período, os usuários (que passam a ser denominados de usuários livres) terão a opção de adquirir os serviços de comercialização de outros fornecedores, conforme a regulamentação a ser estabelecida pela Arsesp. Essa política se alinha com o conceito de *unbundled services* que vem sendo introduzido gradativamente em nível internacional nas indústrias de rede. Está prevista também a criação futura do comercializador que as assemelha ao conceito de *broker* utilizado nos Estados Unidos.

Para elucidar uma metodologia de cálculo da margem máxima, citaremos o caso da Comgás – Companhia de Gás de São Paulo, empresa que é regulada pela Arsesp. Na recente revisão tarifária realizada em 2009, foram determinados dois parâmetros fundamentais:

- O valor inicial de MM (P_0), a ser aplicado pela distribuidora no primeiro ano do terceiro ciclo tarifário (que se iniciou em 2009). Esse valor é estipulado por meio da avaliação da receita requerida para cobrir os custos permitidos à concessionária no ciclo tarifário de cinco anos do ciclo em questão, levando em consideração o estabelecimento de tarifas apropriadas e estáveis para os usuários, bem como a oportunidade para que a concessionária obtenha uma remuneração apropriada para os seus ativos.

- O valor do fator de eficiência (Fator X) é levado em consideração na atualização anual sucessiva do parâmetro P_0 na determinação do valor da MM, de cada ano do ciclo tarifário. Esse fator tem como objetivo incorporar ao cálculo da tarifa uma tendência do aumento da eficiência operacional da empresa ao logo do tempo. O seu cálculo é feito por meio de uma metodologia complexa que leva em conta, entre outros fatores, padrões internacionais de eficiência e comparações com outras concessionárias no Brasil.

Matematicamente, a margem máxima MM (t) para o ano t é expressa em reais por m^3 e é calculada conforme segue:

$$MM\,t = P\,t + K\,t \qquad\qquad (1.2)$$

sendo:

$$P\,t = P\,t - 1\big[1 + (VP - X)\big] \qquad\qquad (1.3)$$

Onde:
VP é a variação do índice de inflação;
X é o fator de eficiência (percentual);
$P\,t$ é o valor da margem máxima (MM) inicial (P_0), expresso em reais por m^3, inicial, sucessiva e atualizada anualmente pelo fator ($VP - X$) até o ano t;
P_0 é o valor inicial da margem máxima (MM) autorizada pela Arsesp e definido por ocasião de cada revisão em cada ciclo. No primeiro ano de cada ciclo, o valor de $P\,1$ é igual ao de P_0;
$K\,t$ é o termo de ajuste para garantir o cumprimento da margem máxima (MM) aplicada no ano t, expressa em reais por m^3.

1.4.4 Classes tarifárias

Para que fundamentos da regulação econômica possam se fazer valer, é preciso aplicar o conceito da modicidade tarifária, por ocasião da sua estruturação. Dessa forma, surge a necessidade de se estabelecerem níveis tarifários para cada tipo de cliente. Exemplificaremos agora o caso das classes tarifárias estabelecidas pela Arsesp para a Comgás em 2009. De acordo com a Arsesp [11], para os segmentos relacionados aos mercados do gás canalizado industrial, comercial, geração de energia e outros a eles atrelados, são estabelecidas as classes apresentadas na Tabela 1.1.

Tabela 1.1   Classes tarifárias para a área de concessão da Comgás em 2009

Segmento de mercado	Classe tarifária x Volume m³/mês[1]			
	Classe tarifária	Volume m³/mês	Classe tarifária	Volume m³/mês
Comercial	1	0 – 0	5	500,01 a 2.000,00 m³
	2	0,01 a 50,00 m³	6	2.000,01 a 3.500,00 m³
	3	50,01 a 150,00 m³	7	3.500,01 a 50.000,00 m³
	4	150,01 a 500,00 m³	8	> 50.000,00 m³
Industrial	1	Até 50.000,00 m³	4	500.000,01 a 1.000.000,00 m³
	2	50.000,01 a 300.000,00 m³	5	1.000.000,01 a 2.000.000,00 m³
	3	300.000,01 a 500.000,00 m³	6	> de 2.000.000,00 m³
Cogeração	1	Até 5.000,00 m³	5	500.000,01 a 2.000.000,00 m³
	2	5.000,01 a 50.000,00 m³	6	2.000.000,01 a 4.000.000,00 m³
	3	50.000,01 a 100.000,00 m³	7	4.000.000,01 a 7.000.000,00 m³
	4	100.000,01 a 500.000,00 m³	8	7.000.000,01 a 10.000.000,00 m³
	9	> 10.000.000,00 m³		
Termoelétricas	Única			
Alto fator de carga industrial[2]	As mesmas margens do segmento interruptível			
Refrigeração	As mesmas do segmento de cogeração			
Matéria-prima	As mesmas do segmento de cogeração			
GNL	As mesmas do segmento de cogeração			
Interruptível	1	Até 50.000,00 m³	4	500.000,01 a 1.000.000,00 m³
	2	50.000,01 a 300.000,00 m³	5	1.000.000,01 a 2.000.000,00 m³
	3	300.000,01 a 500.000,00 m³	6	> 2.000.000,00 m³
Gás natural comprimido	1	Até 50.000,00 m³	4	500.000,01 a 1.000.000,00 m³
	2	50.000,01 a 300.000,00 m³	5	1.000.000,01 a 2.000.000,00 m³
	3	300.000,01 a 500.000,00 m³	6	> 2.000.000,00 m³

NOTAS REFERENTES À TABELA:

(1) 0 m³ de gás natural é definido por meio da condição base de Pressão (101.325 Pa –1 atm) e Temperatura (293,15 °K – 20 °C) e com um Poder Calorífico Superior de referência de 9.400 kcal/m³ (39.348,400 kJ/m³ ou 10,932 kWh/m³).

(2) O fator de carga se define como a relação entre o consumo médio anual e o consumo máximo diário. Os usuários cujo fator de carga (alto fator de carga) é mais elevado têm uma menor sazonalidade no seu consumo em comparação com os que apresentam um fator de carga menor e, por essa razão, há um incentivo a esse segmento de mercado, pois o fator alto implica em uma melhor utilização dos ativos da concessionária.

1.5   O gás natural e o meio ambiente

1.5.1   Generalidades

A questão ambiental é um aspecto fundamental a ser considerado dentro das políticas públicas mundiais, e afeta de maneira significativa os mercados industrial e comercial. O afã das sociedades modernas de atingir altos níveis de crescimento econômico, baseado na industrialização, demanda alto consumo de energia, principalmente a não renovável. O ser humano tem conseguido atingir um alto nível de conforto material baseado na exploração excessiva dos recursos naturais do planeta, fonte de matéria-prima e energia. No entanto, tal processo tem resultado em mudanças no sistema ecológico, provocadas pelas atividades econômicas, cujos resíduos e desperdícios voltam ao meio ambiente, o qual possui uma capacidade limitada de assimilação. Esse fato faz com que a natureza esteja sendo ameaçada de sofrer alterações com sérios impactos no longo prazo. A comunidade científica e as autoridades mundiais têm reagido a essas ameaças, discutido e assinado tratados e protocolos nos quais as nações se comprometem a participar das soluções dos desafios ambientais. O incremento do efeito estufa pelo consumo de combustível fóssil tem levado os países a negociar compromissos de redução de emissão dos gases que o ocasionam. Essas negociações se realizam sob a orientação da Conferência das Nações Unidas sobre Mudanças Climáticas, a qual tem conformado diferentes entidades oficiais como o Painel Intergovernamental sobre Mudanças do Clima (IPCC). Essas entidades se encarregam de encaminhar, regulamentar e fiscalizar o cumprimento dos compromissos e a adoção de políticas visando à redução dos problemas ambientais advindos do incremento do efeito estufa.

Por essa razão, a expansão da indústria deve ser direcionada ao uso de combustíveis com menos conteúdo de carbono, sendo que os argumentos a favor da utilização do gás natural aumentam a cada dia que passa. Esse combustível é visto como uma fonte de energia ambientalmente limpa, no que se refere às questões de emissão dos gases do efeito estufa e também outros aspectos ligados ao meio ambiente. Entre os combustíveis fósseis, o gás natural é o que apresenta menor conteúdo de carbono na sua composição química.

Entre outras medidas sugeridas e adotadas, o IPCC recomenda que a expansão do sistema energético seja feita visando alterações no uso de combustíveis, em direção àqueles menos poluentes como o gás natural. O incentivo aos investimentos nesse vetor energético começa, então, argumentando suas vantagens em relação aos outros derivados de petróleo, colocando-o como um energético limpo com menores potencialidades de poluição.

Em 1997 foi elaborado o Protocolo de Kyoto, no qual os países signatários comprometeram-se a reduzir suas emissões em pelo menos 5,2% dos índices de 1990, no período de 2008 a 2012, de acordo com o MCT [12]. Porém, em virtude das dificuldades dos países desenvolvidos em reduzir suas emissões de CO_2, foi criada uma fórmula alternativa: o Mecanismo de Desenvolvimento Limpo (MDL), no qual os países desenvolvidos podem optar por financiar ações dessa ordem nos países em desenvolvimento, adquirindo, em troca, créditos de carbono, evitando que sua competitividade seja afetada pelos custos da adequação. Diante dessa oportunidade, foram criadas empresas que se concentram em identificar investimentos em tecnologias limpas e que reduzam as emissões de gases de efeito estufa. Esses investimentos podem ser qualificados para obtenção de Certificados de Redução de Emissões (CRE) no contexto do MDL do Protocolo de Kyoto.

1.5.2 Poluição atmosférica

Os poluentes atmosféricos podem ser diretamente emitidos pelas fontes e também ser formados na atmosfera por reações químicas entre estes e os constituintes normais do ar. Os poluentes atmosféricos ocasionam:

- odores e redução de visibilidade;
- prejuízos à saúde, manifestados geralmente por problemas respiratórios e de visão, além de outros efeitos tóxicos, mutagênicos ou cancerígenos;
- prejuízos ao meio ambiente manifestados em sujeira, corrosão, redução de produtividade agrícola etc.

Os combustíveis fósseis ao serem liberados e queimados produzem óxidos, tais como carbono, nitrogênio e enxofre, que são prejudiciais à saúde de todo ser vivo. Seus principais poluentes são:

1.5.2.1 *Gases sulfurosos (SO)*

A presença desses gases no ar pode ser responsável por uma série de distúrbios fisiológicos dos seres vivos. A inalação de SO_2, um dos mais frequentes contaminantes atmosféricos, mesmo em concentrações muito baixas, provoca espasmos dos músculos lisos dos bronquíolos pulmonares. O incremento progressivo dessas concentrações provoca o aumento da secreção mucosa nas vias respiratórias superiores e, posteriormente, inflamações graves na mucosa. O SO_2 se transforma em SO_3, por ação catalítica de metais e mediante absorção da radiação solar, e reagindo com a água forma o ácido sulfúrico, de elevada ação corrosiva sobre metais de construção calcária.

1.5.2.2 *Óxidos de nitrogênio (NO_X)*

Os óxidos de nitrogênio (NO_X) são altamente tóxicos, provocando também dificuldades respiratórias ao passar do limite de 0,5 ppm. Uma exposição drástica ao NO_2 reduz a capacidade de oxigenação dos pulmões, provocando irritação das mucosas, enfisema pulmonar etc. Sobre os vegetais, os NO agem como inibidores de fotossíntese e podem também provocar lesões nas folhas. O NO_2 pode exercer ação oxidante sobre tintas, descobrindo pinturas, tecidos, plásticos, borracha etc.

1.5.2.3 Monóxido de carbono (CO)

O monóxido de carbono (CO) é produzido quando a combustão do carbono é incompleta. O CO é um gás altamente tóxico, quando inalado; sua molécula bloqueia irremediavelmente a hemoglobina, impedindo o transporte do oxigênio pelo sangue, o que pode provocar danos fatais aos organismos vivos. As principais fontes de emissão de CO são: a combustão do carvão mineral e a dos derivados do petróleo.

1.5.2.4 Dióxido de carbono (CO_2)

O dióxido de carbono (CO_2) é o componente natural do ar e o principal gás do "efeito estufa". A queima dos combustíveis fósseis tem incrementado o teor de CO_2.

1.5.2.5 Material particulado

Trata-se do conjunto de poluentes constituído por poeiras, fumaças e todo o tipo de material sólido e líquido que se mantém suspenso na atmosfera em função do seu tamanho reduzido. As partículas finas podem atingir os alvéolos pulmonares, enquanto as grossas ficam retidas na parte superior do sistema respiratório.

1.5.2.6 Ação combinada dos poluentes

A queima dos combustíveis fósseis está associada a diferentes níveis de intensidade de emissão dos poluentes mencionados. Inicialmente, os óxidos de enxofre (SO_X) e de nitrogênio (NO_X), bem como os metais contidos nas poeiras e fumaça são absorvidos progressivamente pela água, pelo solo e pela vegetação, por meio de precipitações, sob forma seca, provocando danos às raízes das plantas, modificações na atividade biológica dos solos, efeitos nocivos à fauna e à flora, corrosão das estruturas metálicas, das edificações e das obras de arte. Além disso, essas precipitações afetam a saúde, provocando tosses, alergias e doenças de pele.

Numa segunda fase, o processo passa a ser físico-químico de concentração reduzida, mas de efeitos mais duradouros e de alcance geográfico maior em virtude de dois aspectos:

- Os NO_X, em combinação com compostos orgânicos voláteis (hidrocarbonetos e solventes) e sob o efeito dos raios solares, formam os chamados óxidos fotoquímicos – entre os quais o ozônio (80 a 90%) –, que, além de causarem "nevoeiros" tão comuns nos dias de sol nas zonas urbanas (*smog* fotoquímico), afetam os seres vivos e atacam os materiais orgânicos (borracha, tinta). Esses *smogs* podem também ser transportados pelos ventos até as áreas rurais. A partir de uma concentração de 200 gr/m³, esse ozônio provoca a necrose dos tecidos vegetais e, no caso do homem, irritação das vias respiratórias, tosses, dores torácicas e frequência maior de crises de asma.

- A parte dos poluentes não precipitada num prazo de 24 horas é, por sua vez, oxidada pelo oxigênio do ar e, em contato com a umidade, transformada em ácidos (sulfúrico e nítrico) que provocam, quando levados pela chuva até a superfície, a acidificação dos solos e dos lagos, bem como o desaparecimento de várias espécies animais e vegetais. Trata-se da denominada chuva ácida.

A queima de óleo e carvão para a produção de calor (ver Tabelas 1.2 e 1.3) é considerada a maior fonte de emissão de SO_2, NO_X e CO_2. De fato, os combustíveis fósseis são compostos de estruturas moleculares complexas com alto teor de carbono e um montante substancial de enxofre e nitrogênio. Os óleos pesados têm pouco hidrogênio e alto teor de carbono, gerando fumaça e cinza. A queima de SO_2 pela combustão de óleo combustível depende da quantidade queimada e do teor de enxofre contido. Geralmente, as indústrias utilizam o óleo combustível com alto teor de enxofre por causa de seu preço mais baixo. Nos combustíveis líquidos, os teores de enxofre podem ser reduzidos por tratamento adequado.

A poluição do ar está fortemente relacionada com a chuva ácida e os níveis de poluição do CO/Ozônio. A redução dos altos níveis de poluição do ozônio em áreas urbanas requer a redução dos hidrocarbonetos reagentes e muitas vezes das emissões de óxidos de nitrogênio. Além de contribuir para a formação do ozônio, o monóxido de carbono (CO), por si próprio, é nocivo para a saúde. Já a chuva ácida está relacionada ao dióxido de enxofre (SO_2) e às emissões de óxidos de nitrogênio (NO_X). Todos estes poluentes são lançados na atmosfera pela combustão de algum combustível fóssil em alguma fonte estacionária, tais como os queimadores industriais.

1.5.3 As vantagens do gás natural

O gás natural, dentre os combustíveis fósseis, gera a menor taxa de emissão de CO_2, contribuindo severamente para a redução do efeito estufa e podendo oferecer uma contribuição imediata à solução desse problema. Até meados dos anos 1980, não havia no Brasil legislações ambientais mais rigorosas que obrigassem a indústria a levar em conta os custos ambientais do seu consumo energético e, como consequência, não houve grandes incentivos à penetração do gás natural na matriz energética do segmento industrial. Em 1986, o Conselho Nacional do Meio Ambiente (Ibama) [13] publicou a Resolução 001/86, que traz uma definição de impacto ambiental e enumera as atividades passíveis de enquadramento como impactantes.

Considerando-se o ponto de vista ambiental, o gás natural é muito melhor do que os outros combustíveis fósseis por ser, basicamente, composto de metano, uma molécula feita de um átomo de carbono e quatro átomos de hidrogênio. Quando o metano é completamente queimado, os principais produtos da combustão são dióxido de carbono e vapor-d'água. Em comparação, o óleo e os compostos de carvão possuem estruturas moleculares muito mais complexas. Elas incluem altas taxas de carbono, bem como diversos compostos de enxofre e nitrogênio. Não produzem uma queima tão limpa. A combustão do carvão e de óleos combustíveis industriais também produz partículas de cinza, que não queimam completamente, mas que são carregadas para a atmosfera. Como o gás natural tem uma queima limpa, seu uso pode ser encarado como uma efetiva contribuição ao controle da poluição ambiental.

Como o gás natural é o combustível fóssil de queima mais limpa, ele pode ajudar na manutenção da qualidade do ar e da água, especialmente quando usado em substituição a outras fontes de energia mais poluentes. Conforme podemos observar nas Tabelas 1.2 e 1.3, a combustão do gás natural resulta em, praticamente, nenhuma emissão de dióxido de enxofre (SO_2) ou outras partículas afins, e em menores emissões de monóxido de carbono (CO), óxidos de enxofre (NO_X), hidrocarbonetos reativos, óxidos de nitrogênio (NO_X) e dióxido de carbono (CO_2) do que outros combustíveis fósseis. Por essa e outras razões, e dando-se relevo à questão ambiental, o gás natural é considerado o combustível do século XXI.

A capacidade do gás natural para reduzir emissões indesejáveis é tão grande que, segundo o Instituto de Energia de São Paulo [14], a cidade de Cubatão, no litoral paulista, só está conseguindo se tornar habitável porque 90% das numerosas indústrias ali instaladas fizeram a conversão para o gás natural, abandonando o uso de óleos pesados de refinaria.

Tabela 1.2 Comparativo entre as emissões do NO_X, CO e CO_2, por aplicação do combustível fóssil em libras/Bilhão BTU

Aplicação	Processo/equipamento	Carvão mineral			Óleo combustível			Gás natural		
		NO_X	CO	CO_2	NO_X	CO	CO_2	NO_X	CO	CO_2
Industrial	Cimento	455	70	219.200	535	80	203.100	1.050	80	56.100
	Curtume, alimentos e bebidas, papel e celulose	280	155	94.200	165	15	73.800	65	15	56.100
Termoelétrica										
	Carvão pulverizado	740	10	94.200	—	—	—	—	—	—
	Leito fluidizado	220		94.200	—	—	—	—	—	—
	Caldeiras			94.200	205	15	73.800	250	20	56.100
	Ciclo combinado			94.200	—	—	—	175	30	56.100
	Ciclo simples			94.200	—	—	—	175	30	56.100

FONTE: OCDE *apud* Sinclair [15].

Tabela 1.3   Comparativo geral dos poluentes por combustível fóssil, por aplicação em libras/bilhão BTU

Poluente	Gás Natural	Óleo Combustível	Carvão
CO_2	117.000	164.000	208.000
CO	40	33	208
NO_x	92	448	457
SO	1	1,122	2.591
Particulados	7	84	2.744
Mercúrio	0,000	0,007	0.016

FONTE: EIA *apud* Speight [16].

1.6   Referências bibliográficas

[1] CEG. **História do Gás Canalizado**. Disponível em: <www.ceg.com.br.> Acesso em: 20 abr. 2001.

[2] COMPANHIA DE GÁS DE SÃO PAULO – Comgás. **História do Gás Natural**. Disponível em: <www.comgas.com.br>. Acesso em: 15 abr. 2001.

[3] MINISTÉRIO DA CIÊNCIA E TECNOLOGIA. **Tecnologia Industrial Básica: trajetória, desafios e tendências no Brasil**. Brasília: MCT, CNI, SENAI, IEL, 2005. Disponível em: <http://www.mct.gov.br/index.php/content/view/7837.html>. Acesso em: 20 jun. 2008.

[4] ASSOCIAÇÃO BRASILEIRA DE NORMAS TÉCNICAS – ABNT. **Diretivas ABNT Parte 2: Regras para a estrutura e redação de documentos técnicos ABNT**. Rio de Janeiro, 2007. 68 p.

[5] BRASIL. Constituição da República Federativa do Brasil de 5 de Dezembro de 1988. **Diário Oficial da União**. Brasília, 5 out. 1988.

[6] BRASIL. Lei n. 9.478/97. **Diário Oficial da União**. Brasília, 7 ago. 1997.

[7] SÃO PAULO. Lei n. 9.361. Cria o Programa Estadual de Desestatização sobre a Reestruturação Societária e Patrimonial do Setor Energético e dá outras providências. **Diário Oficial do Estado de São Paulo**. São Paulo, 6 jul. 1996.

[8] SÃO PAULO. Lei Complementar n. 833, de 17 de outubro de 1997. Cria a Comissão de Serviços Públicos de Energia – CSPE. **Diário Oficial do Estado de São Paulo**. São Paulo, 18 out. 1997.

[9] KRAUSE, Gilson G.; PINTO Jr., Hélder Q. **Estrutura e Regulação do Mercado do Gás Natural: Experiência Internacional. Regulação – Séries ANP**. Rio de Janeiro, 2001.

[10] AGÊNCIA NACIONAL DO PETRÓLEO, GÁS NATURAL E BIOCOMBUSTÍVEIS – ANP. **Gás Natural » Preços e Tarifas – Gás Natural: Preços e Tarifas**. Rio de Janeiro, 2005. Disponível em: <http://www.anp.gov.br>. Acesso em: 19 ago. 2009.

[11] AGÊNCIA REGULADORA DE SANEAMENTO E ENERGIA DO ESTADO DE SÃO PAULO – Arsesp. **Deliberação ARSESP n. 063, de 29-05-2009 – Dispõe sobre os resultados da revisão tarifária e das Tabelas de Tarifas aplicáveis pela Companhia de Gás de São Paulo – Comgás**. São Paulo, 2009.

[12] BRASIL. Ministério da Ciência e Tecnologia. **O Mecanismo de Desenvolvimento Limpo e as Oportunidades Brasileiras**. Brasília, 2000. Disponível em: <http://www.mct.gov.br>. Acesso em: 25 jul. 2005.

[13] IBAMA. Conselho Nacional do Meio Ambiente. **Resolução Conama n. 001, de 23 de janeiro de 1986 – Estabelece as definições, as responsabilidades, os critérios básicos e as diretrizes gerais para uso e implementação da Avaliação de Impacto Ambiental como um dos instrumentos da Política Nacional do Meio Ambiente**. Brasília, 1986.

[14] REVISTA ENGENHARIA (2000). **A malha logística do gás natural**. Engenho Editora Técnica Ltda. São Paulo, n. 538, 2000.

[15] SINCLAIR, Maflet *et al*. **Gás natural: Roupagem Moderna – A questão Ambiental**. Congresso Brasileiro de Energia. Rio de Janeiro, 1999.

[16] SPEIGHT, James G. **Synthetic Fuels Handbook**. Macgraw-Hill p. 43. Disponível em: <http://books.google.co.uk>. Acesso em: 24 ago. 2009.

2 O mercado do gás natural

2.1 O mercado de gás natural no mundo

O mercado de energia do mundo atravessa um momento de grande agitação, caracterizado pelo crescimento, pela introdução crescente da competitividade, e pela tendência de aumento da participação do gás natural nas matrizes energéticas dos diversos países. É tido como certo que a forte presença dos combustíveis fósseis nas matrizes energéticas continuarão a prevalecer nos próximos anos (ver Figura 2.1), e dentro desse contexto, o petróleo está deixando de ser o combustível fóssil principal. Ele está sendo substituído pelo gás natural, em virtude de diversas características que este energético possui, tais como existência de reservas abundantes a curto e médio prazo e as suas qualidades ambientais.

As forças de mercado atualmente existentes em favor dessa tendência superam em intensidade as forças que ocasionaram a substituição da madeira por carvão e petróleo ocorrida nos anos 1960. O gás natural é reconhecido pelo Banco Mundial como um energético "amigável" sob o ponto de vista ambiental.

O crescimento do emprego desse energético tem ocorrido não apenas nas nações desenvolvidas, mas também nas economias emergentes, como é o caso do Brasil e de outros países da América latina, do Leste Europeu, da Rússia, do Oriente Médio, do norte de África e da Ásia, nos quais surgiu a necessidade de se aumentar, no curto prazo, o crescimento da participação do gás natural em suas matrizes energéticas. A regulação econômica (ver Capítulo 1 deste livro) constitui-se em um elemento fundamental para o crescimento e sustentação dessa indústria, particularmente se considerarmos o enfrentamento de novos patamares de competição que os mercados de hoje exigem.

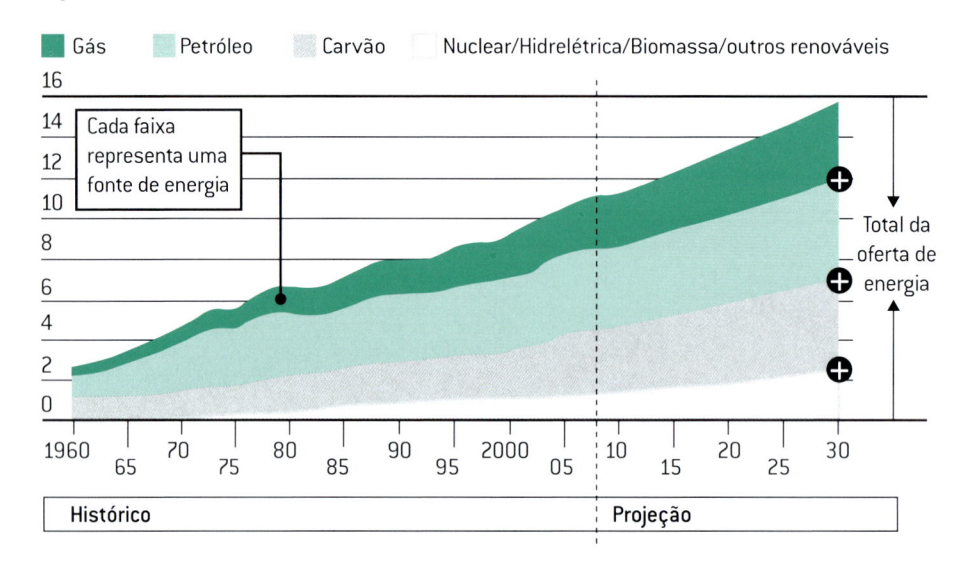

Figura 2.1   Histórico e projeção da matriz energética mundial

FONTE: O Estado de São Paulo [1].

Podemos dizer que o mundo vive hoje a era do gás natural. De acordo com a BP Global [2], o total das reservas provadas no mundo no final de 2007 era de 177,36 trilhões de metros cúbicos (ver Figura 2.2).

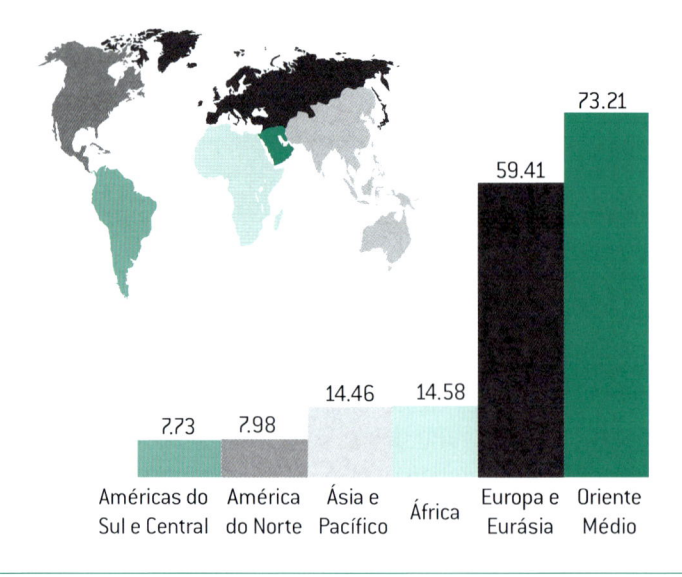

Figura 2.2   Distribuição das reservas provadas de gás natural no mundo no final de 2007 em trilhões de m^3

FONTE: BP Global [2].

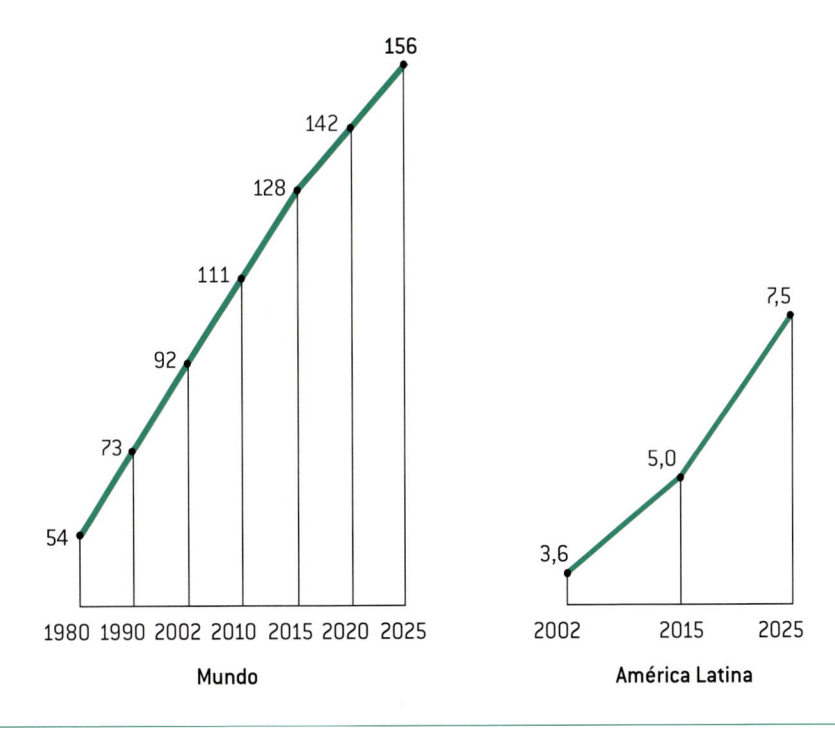

Figura 2.3 Projeções de consumo de gás natural (no mundo e na América Latina)

FONTE: O Estado de São Paulo [3].

Para o futuro próximo, a tendência do gás natural é manter a sua importância. Segundo o jornal *O Estado de São Paulo* [3], existe a perspectiva de crescimento exponencial do seu consumo nos próximos 20 anos e as estimativas indicam que o volume de suas reservas ainda é grande e estaria disponível por um tempo bem maior que o petróleo, em parte por terem sido descobertas anos depois. Outra vantagem do gás é emitir apenas um terço de gás carbônico na atmosfera, em comparação com o petróleo. Para os países comprometidos em reduzir emissões de gases poluentes, a alternativa é bem-vinda.

2.2 O mercado de gás natural no Brasil

O Brasil possuía em 2008 reservas provadas de gás natural em torno de 364 bilhões de m^3, segundo a ANP[4]. O País dependia, naquele ano, do gás natural importado da Bolívia para assegurar as suas necessidades de consumo e, em 2009, ocorreu o início da importação desse energético de outras nações por meio do transporte de gás natural liquefeito em navios metaneiros. A distribuição percentual das reservas provadas de gás natural por unidade da federação em 31 de dezembro de 2008 encontra-se ilustrada na Figura 2.4. Naquele ano, o gás natural atingiu um percentual de 9,3% da matriz energética brasileira (Figura 2.5), segundo o Balanço Energético Nacional de 2007 [5].

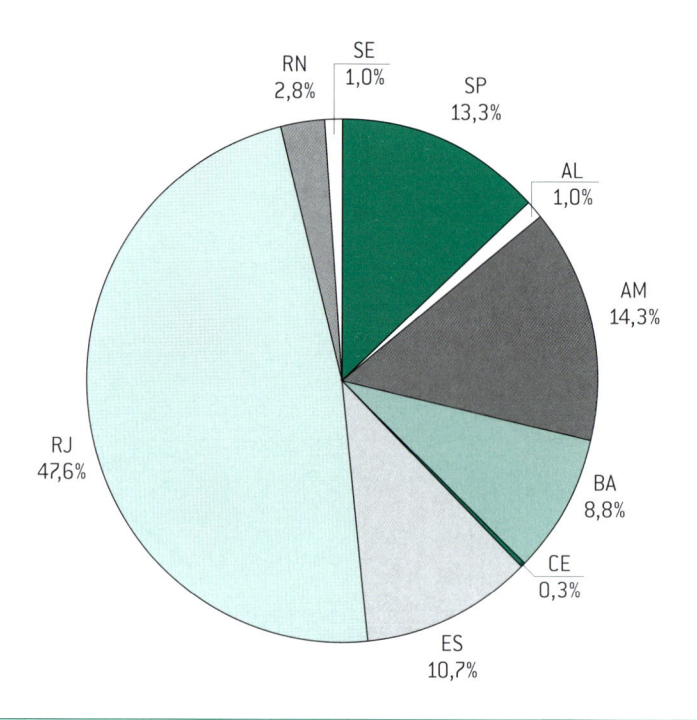

Figura 2.4 Distribuição por estado das reservas de gás natural provadas no Brasil em 31 de dezembro de 2008.

FONTE: ANP [4].

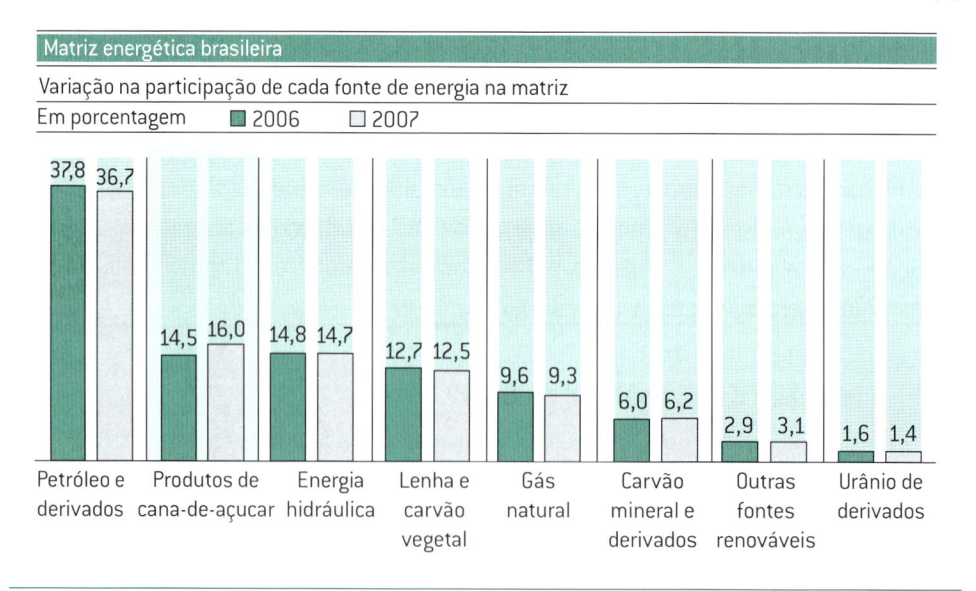

Figura 2.5 Matriz energética brasileira em 2007

FONTE: Balanço Energético Nacional BEN [5].

Apesar da ocorrência, em 2008, de algumas dificuldades localizadas, relacionadas à disponibilidade de gás natural, tal situação tende a estar equacionada nos próximos anos. Segundo a Petrobras [6], o abastecimento até o ano de 2012 está garantido por meio do aumento da produção nacional e do recente início da importação do gás natural liquefeito de petróleo (GNL), Figura 2.6. Outro ponto importante é a descoberta de gigantescas reservas nas camadas pré-sal na bacia de Santos em 2008, o que faz sugerir a possibilidade de uma posição bastante confortável para o Brasil, em longo prazo, no que tange ao abastecimento de gás natural.

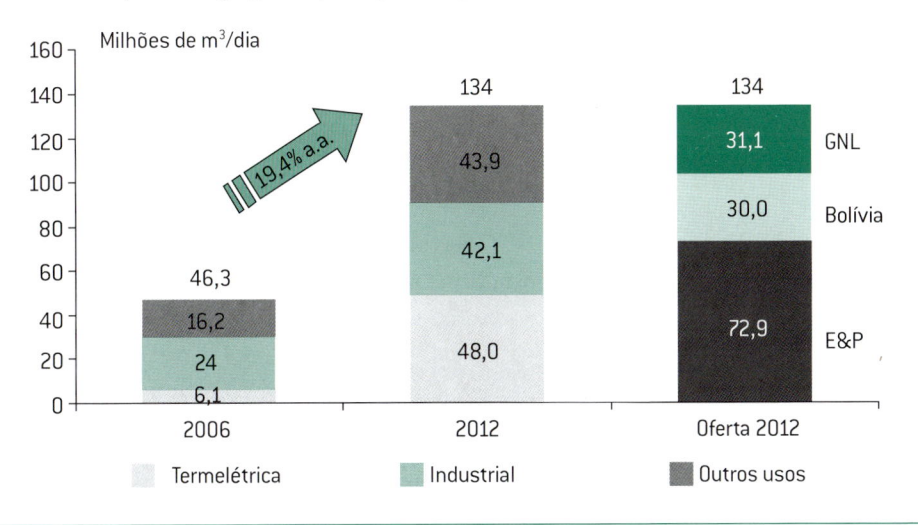

Figura 2.6 Projeções de consumo de gás natural no Brasil até 2012

FONTE: Petrobras [6].

No que tange a infraestrutura física para a distribuição do gás natural, o Brasil possui uma rede de gasodutos relativamente pequena em relação às suas dimensões territoriais, conforme ilustrado na Figura 2.7. Segundo a ANP [4], existiam, em janeiro de 2008, 2559 km de gasodutos de transporte de gás natural destinados à produção nacional e 3465 km destinados ao transporte de gás natural importado.

O Brasil possui concessionárias de gás canalizado em praticamente todos os estados da federação, conforme podemos visualizar na Figura 2.8. Segundo o site GasNet [8], em abril de 2008 foram comercializados no Brasil cerca de 50.892.610 m³ de gás natural, distribuídos pelos segmentos industrial (52%), automotivo (13%), residencial e comercial (2,6%), cogeração (4,8%), geração elétrica (27%) e outros (0,6%), tais como a distribuição de gás natural comprimido a granel em veículos transportadores, modalidade esta que possui papel estratégico [9] importante em locais não contemplados por redes (ver Seção 2.4).

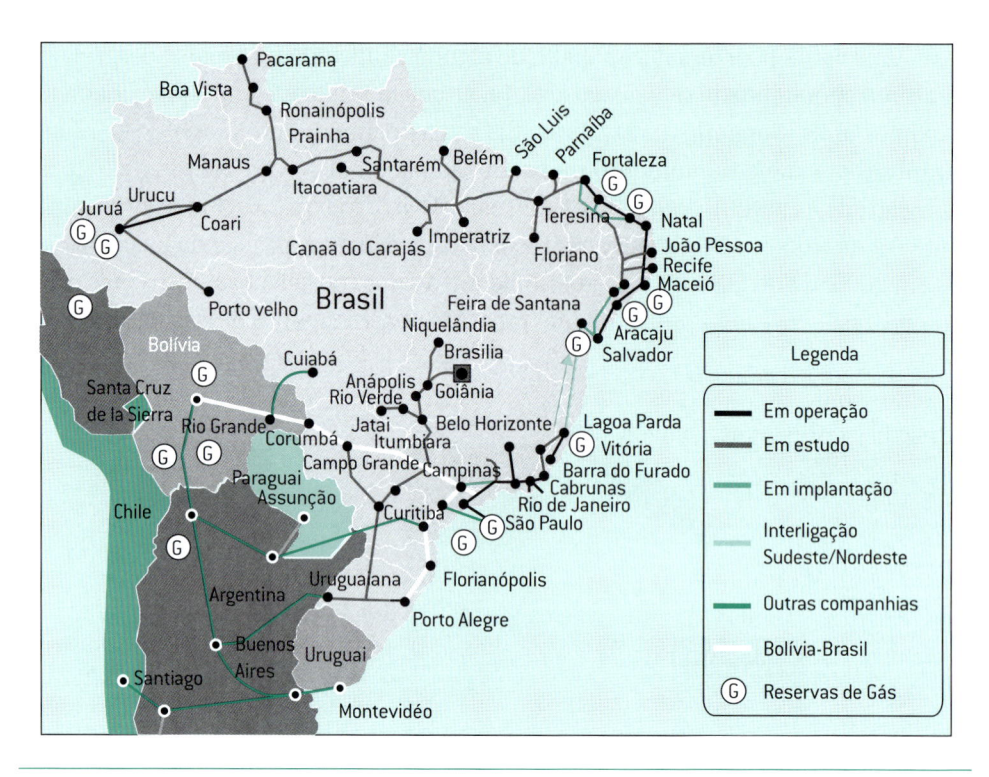

Figura 2.7   Gasodutos em operação e em implantação no Brasil em 2008

FONTE: Associação Brasileira das Empresas Distribuidoras de Gás Canalizado(Abegás) [7].

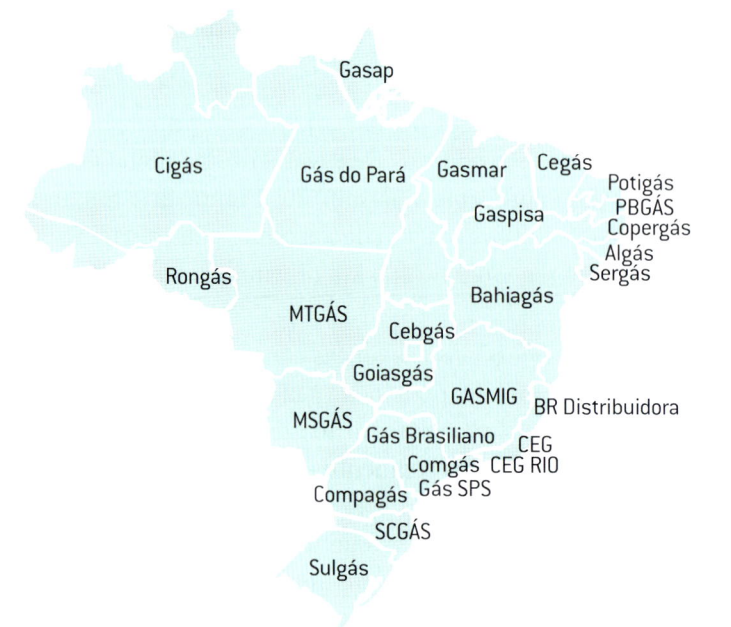

Figura 2.8   Concessionárias brasileiras de gás natural canalizado em 2008

FONTE: GasNet [7].

2.3 O mercado brasileiro de gás natural no setor industrial e do grande comércio

O segmento industrial foi o primeiro a ser atendido pelas novas empresas concessionárias de gás natural que foram se constituindo no Brasil, particularmente as indústrias com grandes consumos, pois estas possibilitam a viabilidade econômica inicial necessária para a construção de redes. A expansão do gás natural neste setor tende a fomentar também a sua implementação no segmento do grande comércio. Para ilustrar as forças de mercado que levam a consolidação deste mercado, será feita a seguir uma explanação voltada para o setor industrial. No ano de 2008, conforme podemos observar na Figura 2.9, a participação do segmento industrial representava mais de 50% do total do gás natural consumido no Brasil.

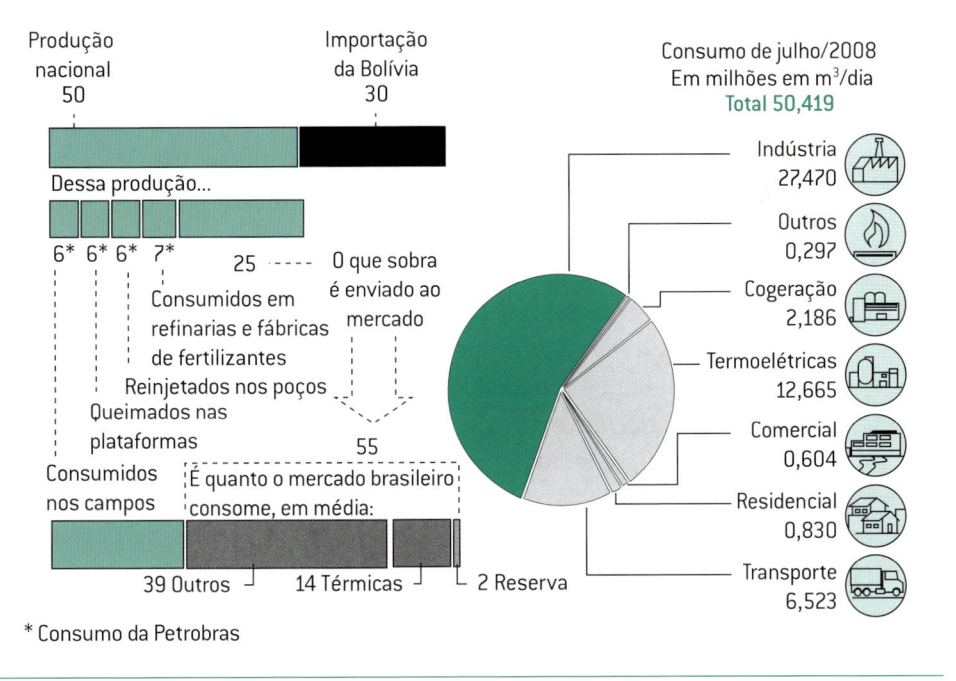

Figura 2.9   Consumo de gás natural por segmento de mercado em 2008

FONTE: O Estado de São Paulo [10].

Segundo Montes [11] , a inserção do gás natural na matriz energética brasileira tem sido uma etapa importante no processo de industrialização do País. Os Estados Unidos e a Europa começaram a desenvolver a produção do gás natural nas décadas de 1950 e 1960, respectivamente, podendo-se afirmar que, no ano 2000, o Brasil estava atrasado pelo menos 20 anos no desenvolvimento da produção desse energético. O autor destaca que o gás natural permite um salto de qualidade na fabricação de diversos produtos industriais e aumento da eficiência, principalmente onde o controle de temperatura e a limpeza da chama para aquecimento direto sejam recomendados. Para embasar essas afirmações, foi feito um estudo relativo às variações das eficiências energéticas em diversos subsetores da indústria, no período compreendido entre 1997 (esse ano foi usado como referência inicial) e 2010, e que tomou como base os cenários de inserção do gás natural na matriz energética, discriminados a seguir:

- **Hipótese sem Substituição de Combustíveis**, opção zero: nessa hipótese, considera-se que o gás natural não consegue substituir nenhum combustível, ou seja, sua variação ao longo dos anos depende unicamente da variação do PIB, tendo, assim, crescimento vegetativo.

- **Hipótese com Substituição Parcial**, opção OCDE-EU: nessa hipótese, considera-se que o gás natural penetrará no setor industrial com o mesmo perfil da indústria dos países pertencentes a Organização para o Desenvolvimento e Cooperação Econômica (OCDE) que estão localizados no continente Europeu. Dessa forma, cada subsetor da indústria no Brasil tem a participação do gás natural (na forma de energia útil de calor de processo e aquecimento direto) acrescida, ano a ano, até 2010, quando a participação do gás no subsetor Brasileiro é finalmente equiparada à participação do gás no mesmo subsetor da OCDE-EU em 1996.

- **Hipótese com Substituição Total**, opção total: nessa hipótese, considera-se que o gás natural ao longo do período analisado (1999-2010) substitua toda energia de calor de processo e aquecimento direto. Dessa forma, ano a ano, o consumo de gás natural irá aumentando e o das outras fontes de energia irão decrescendo de forma proporcional, até que todo o consumo de energia para calor de processo e aquecimento direto seja fornecido pelo gás natural. Cabe ressaltar que essa hipótese é economicamente inviável, o único objetivo ao propô-la é limitar as fronteiras do consumo.

Para mensurar os ganhos inerentes à eficiência energética, foi utilizado o indicador Energia Útil/Energia final. A Tabela 2.1 ilustra os resultados obtidos para os diversos subsetores da indústria.

Tabela 2.1   Estudo de eficiência energética[1] em diversos subsetores da indústria

Subsetor da indústria	Referência 1997 Energia útil/final[2]	Zero 2010 Energia útil/final[2]	OCDE-EU 2010 Energia útil/final[2]	Total 2010 Energia útil/final[2]
Cimento	38%	38%	38%	38%
Ferro-gusa e aço	61%	61%	62%	70%
Ferroligas	24%	24%	28%	49%
Mineração	30%	30%	31%	32%
Pelotização	40%	39%	39%	41%
Não ferrosos	27%	26%	27%	28%
Alumínio	19%	19%	22%	24%
Química	46%	45%	47%	50%

(Continua)

(Continuação)

Alimentos e bebidas	43%	44%	47%	51%
Açúcar	58%	58%	58%	58%
Têxtil	37%	38%	39%	39%
Papel e celulose	46%	47%	48%	54%
Cerâmica	38%	38%	40%	46%
Outras	29%	29%	30%	33%
Total indústria	43%	43%	45%	49%

FONTE: Montes [11].

NOTAS REFERENTES À TABELA:
(1) Eficiência energética: é o rendimento obtido na utilização da energia final por forma de uso, ou seja, indica a parcela da energia realmente aproveitada na realização de determinado trabalho.
(2) Relação entre energia útil/final. Energia realmente necessária para a realização de determinado trabalho / Energia realmente consumida para a realização de um trabalho.

Conforme podemos observar, alguns subsetores, tais como o de ferroligas, o de alumínio e o de alimentos e bebidas, apresentaram significativos ganhos de eficiência energética com a utilização do gás natural. Outros subsetores, como por exemplo, o do açúcar, apresentaram valores constantes, por causa da não utilização desse energético em suas atividades. A introdução do gás natural no segmento industrial tem sido, portanto, um vetor importantíssimo para o desenvolvimento do Brasil no que tange a obtenção de ganhos ambientais e de eficiência energética. Alguns aspectos, no entanto, tais como a inexistência de gasodutos e redes capilares de distribuição em extensão compatível com as dimensões do território brasileiro e os custos de conversão, ainda limitam uma expansão maior desse energético.

2.4 Meios alternativos de fornecimento de gás natural para a indústria e grande comércio – GNC e GNL

O gás natural pode ser transportado até a indústria consumidora através de dutos (tubulação) ou via sistemas de transporte alternativos também conhecidos como "Gasodutos Virtuais". Esses sistemas basicamente utilizam caminhões com carretas especiais, uma específica para gás natural comprimido (GNC) e outra específica para gás natural liquefeito (GNL), sendo que ambas possuem capacidade de transporte de volumes consideráveis de gás natural comprimido ou liquefeito, respectivamente, e que são abastecidas nas estações de compressão ou liquefação que, por sua vez, são alimentadas por um gasoduto próximo. Segundo estudo econômico realizado por Dus e Kawanami [12], essas carretas transportam o GNC ou GNL até outra região, desprovida ou não de qualquer infraestrutura de gasodutos em um raio atualmente de até 263 km, no caso do gás natural comprimido e até 500 km, no caso do gás natural liquefeito. De acordo com os autores, as tecnologias GNC e GNL servem como uma boa opção para o mercado brasileiro, dado o elevado custo de capital no Brasil.

Um dos grandes problemas dos gasodutos tradicionais são os elevados custos de construção em ativos específicos que se convertem em custos afundados. Essas construções demandam vultosas quantias de capital com longo prazo de maturação e, com isso, elevam o risco do empreendimento. Dessa forma, num país como o Brasil, com elevada taxa de juros, os investimentos em infraestrutura de gasodutos tornam-se menos atrativos aos investidores. Além do menor tempo e custo de construção, as tecnologias GNC e GNL apresentam outras vantagens aos gasodutos tradicionais, como menor escala de eficiência e menor burocracia para sua implementação. Por isso, essas tecnologias podem suprir mercados de pequena escala, como pequenas fábricas, que não justificariam a construção de um gasoduto. O longo processo burocrático também é bastante oneroso. Os gasodutos de distribuição demandam grande quantidade de tempo e dinheiro, uma vez que são necessárias várias autorizações e licenças para sua construção e operação, envolvendo diferentes esferas de governos estaduais e municipais. Os gasodutos virtuais já vêm sendo utilizados em inúmeros países, como Rússia, Argentina, EUA, Peru, China e Índia de uma forma geral, ou seja, para consumidores domésticos, comerciais e pequenas indústrias. No Brasil, projetos de GNC e GNL especificamente para indústrias já vêm ocorrendo em várias áreas de concessão de distribuição. Os denominados gasodutos virtuais não podem ser considerados como concorrentes aos dutos de distribuição, mas sim como uma forma de antecipar ou completar o abastecimento realizado pela tubulação tradicional.

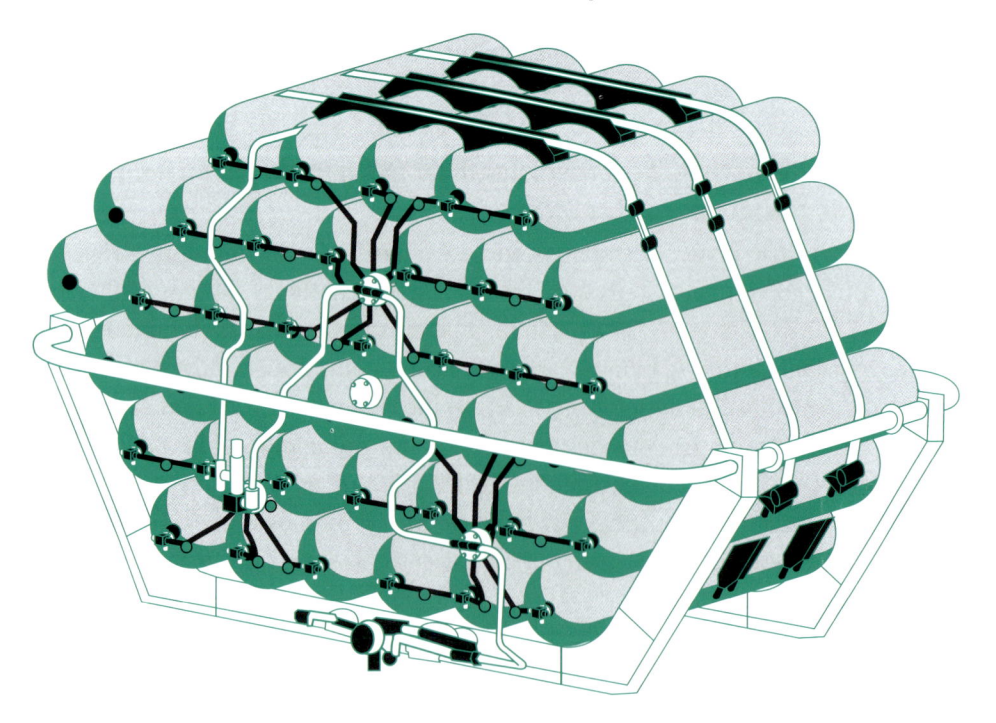

Figura 2.10   Módulo típico para transporte e armazenamento de GNC

A análise de viabilidade técnica e econômica das tecnologias GNC e GNL como estratégia para melhorar a disponibilidade do gás natural para o segmento industrial proporciona um olhar mais profundo sobre um tema cada vez mais recorrente na conjuntura atual do País, em face ao seu estágio de amadurecimento de mercado na área do gás natural. Diferentemente de outros países, e somado às suas características de extensão territorial e de condições climáticas, o Brasil carece mais de alternativas tecnológicas para viabilizar projetos que não seriam realizados se considerado o método tradicional por dutos de transporte. Essas alternativas contribuem para a continuidade do desenvolvimento, visto que semeiam novos mercados. Ainda, com a consolidação desse mercado via gasoduto, o GNC e o GNL servem, numa segunda fase, como *backup* do sistema e/ou como *peak shaving*, melhorando a disponibilidade do gás natural para as indústrias.

O uso de GNL como meio alternativo para o fornecimento de gás natural por terra ainda é incipiente no Brasil, diferente do GNC, modalidade para a qual já existem diversas empresas especializadas em sua distribuição. Esse segmento é inclusive regulamentado pela ANP, a qual publicou a Portaria ANP 243/2000 de 18 de dezembro de 2000, de forma a criar um arcabouço regulatório para a atividade de distribuição e comercialização de gás natural comprimido a granel e a construção, ampliação e operação de Unidades de Compressão e Distribuição de GNC. Esse regulamento, segundo Venâncio e Madeira [9], abordava basicamente questões administrativas, tais como, por exemplo, as garantias financeiras, os volumes de estocagem para os caminhões de transporte etc. Em 05 de dezembro de 2007, a ANP, atenta aos anseios do mercado, publicou a Resolução ANP n. 41, que basicamente constituiu-se em uma revisão da Portaria 243, na qual foram contemplados vários aspectos que trouxeram efeitos positivos para o mercado, possibilitando a entrada de pequenos e médios investidores, além de tornar mais atraentes as avaliações financeiras dos projetos a serem desenvolvidos. A Agência Reguladora de Serviços Públicos do Estado de São Paulo (Arsesp) também visualizou o potencial dessa tecnologia para o mercado do gás natural e publicou portaria com tarifas específicas para o GNC.

2.5 Referências bibliográficas

[1] Novos campos encontrarão mercado mundial aquecido. O **Estado de São Paulo**, São Paulo, 13 set. 2009. Caderno Economia, p. B6.

[2] BP GLOBAL. **BP Statistical Review of World Energy**, Londres, jun. 2008. Disponível em: <http://www.bp.com>. Acesso em: 6 jul. 2008.

[3] Pressão por energia alternativa produz uma nova geopolítica. O **Estado de São Paulo**, São Paulo, 7 maio. 2006. Caderno Economia, p. B6.

[4] AGÊNCIA NACIONAL DO PETRÓLEO, GÁS NATURAL E BIOCOMBUSTÍVEIS – ANP. **Boletim Mensal do Gás Natural**, jan. 2008. Disponível em: <http://www.anp.gov.br>. Acesso em: 6 jul. 2008.

[5] BRASIL. Ministério das Minas e Energia. **BEN 2007**. Disponível em: <http://www.mme.gov.br>. Acesso em: 5 jul. 2008.

[6] PETROBRAS. Petróleo Brasileiro SA. **Plano de Investimentos 2008-2012.** Disponível em: <http://www.petrobras.com.br>. Acesso em: 18 out. 2009.

[7] ASSOCIAÇÃO BRASILEIRA DE EMPRESAS DISTRIBUIDORAS DE GÁS CANALIZADO – Abegás. **MAPA DOS GASODUTOS.** Disponível em: <http://www.abegas.gov.br>. Acesso em: 12 jul. 2008.

[8] GASNET. O site do gás natural. **Distribuidoras de Gás.** Disponível em: <http://www.gasnet.com.br>. Acesso em: 12 jul. 2008.

[9] VENÂNCIO, J.; MADEIRA J. Gasodutos virtuais – Uma proposta para norma para projeto, construção de estações de armazenagem e descompressão de GNC. IBP 1127, 2008, Rio de Janeiro, **Anais Instituto Brasileiro de Petróleo, Gás e Biocombustíveis** – IBP. Rio de Janeiro, 2008.

[10] GOY, Leonardo; GRANER, Fábio. Governo pode adotar corte de gás em térmicas. O **Estado de São Paulo.** São Paulo, 12 set. 2008. Caderno Economia, p. B3.

[11] MONTES, Paulo Marcelo de Figueiredo. **O Potencial do consumo de gás natural pelo setor industrial no Brasil.** 2000, 382 f. Dissertação (Mestrado) – Programas de pós-graduação de engenharia da Universidade Federal do Rio de Janeiro, Rio de Janeiro, 2000.

[12] DUS, Pedro Luiz; KAWANAMI, Roberto Yoshio. **Meios alternativos de fornecimento de gás natural para a indústria – GNC e GNL.** 2007, 161 f. Monografia (MBA em Gestão de Energia). Escola Politécnica da Universidade de São Paulo, São Paulo, 2007.

3

O gás natural

3.1 Introdução

O gás natural é um combustível fóssil, basicamente uma mistura de hidrocarbonetos leves, podendo estar associado ou não ao petróleo. Ou seja, é composto por gases inorgânicos e hidrocarbonetos saturados, predominando o metano e, em menores quantidades, o propano e o butano, entre outros. No estado bruto, apresenta também baixos teores de contaminantes, como o nitrogênio, o dióxido de carbono, a água e compostos de enxofre. De acordo com a Lei n. 9.478/97 – Lei do Petróleo [1], o gás natural é definido como:

> Gás natural é a porção do petróleo que existe na fase gasosa ou em solução no óleo, nas condições originais do reservatório, e que permanece no estado gasoso nas condições atmosféricas de pressão e temperatura.

O gás natural é, em essência, incolor e inodoro. É um combustível que, quando queimado, produz uma considerável quantidade de energia. Diferentemente dos outros combustíveis fósseis, o gás natural tem uma combustão limpa, com baixa emissão no ar de subprodutos potencialmente perigosos, conforme visto no Capítulo 1. A necessidade de energia, particularmente pela indústria, tem elevado o gás natural a um alto grau de importância em nossa sociedade. Suas vantagens são múltiplas, tais como:

- é mais leve que o ar, facilitando assim a dispersão em ambientes ventilados e minimizando o risco de incêndios e explosões;

- possui baixa massa molecular e não apresenta líquidos (condensados) que exigem critérios de purga e manutenção no sistema de manuseio e utilização;
- requer fácil adaptação das instalações existentes;
- possibilita melhor aproveitamento no uso do espaço da indústria e do grande comércio;
- provoca menor incidência de corrosão e menor custo de manutenção;
- requer instalações de custo menor;
- tem combustão facilmente regulável.

O gás natural é um asfixiante simples, mas pode sufocar, caso a pessoa fique muito exposta ao vazamento.

3.2 Origem

O gás natural é encontrado no subsolo, por acumulações em rochas porosas, isoladas do exterior por rochas impermeáveis, associadas ou não a depósitos petrolíferos. É o resultado da degradação anaeróbica (ausência de ar) da matéria orgânica que, em eras pré-históricas, acumulava-se nas águas litorâneas dos mares da época. Essa matéria orgânica foi soterrada a grandes profundidades e, por isso, sua degradação se deu sem contato com o ar, a grandes temperaturas e sob fortes pressões.

3.3 Composição

O gás natural é uma mistura diversificada de hidrocarbonetos. A Tabela 3.1, a seguir, ilustra a sua composição típica. O C_4+ representa os elementos butano, pentano, hexano e superiores.

Tabela 3.1   Composição típica do gás natural

Composto químico	% volume
Metano	89,0
Etano	6,0
Propano	1,8
C_4+	1,0
CO_2	1,5
N_2	0,7

FONTE: Comgás [2].

Segundo a ANP [3], por meio da Resolução n. 16, de 17 de junho de 2008, a especificação do gás natural, nacional ou importado, a ser comercializado em todo o território nacional, é a indicada na Tabela 3.2.

Tabela 3.2   Especificação do gás natural no Brasil

Características	Unidade	Limite		
		Norte	NE	CO, SE, SUL
Poder calorífico superior	kWh/m³	9,47 a 10,67	9,72 a 11,94	
Índice de Wobbe	kJ/m³	40.500 a 45.000	46.500 a 53.500	
Oxigênio, máx.	% mol	0,8	0,5	
Inertes ($N_2 + CO_2$), máx.	% mol	18,0	8,0	6,0
CO_2, máx.	% mol	3,0		
Enxofre total, máx.	mg/m³	70		
Gás sulfídrico ($H_2 + S$), máx.	mg/m³	10	13	10
Ponto de orvalho de água a 1 atm, máx.	°C	−39	−39	−45
Ponto de orvalho de hidrocarbonetos a 4,5 Mpa, máx.	°C	15	15	0

FONTE: ANP [3].

NOTA EXPLICATIVA:
Esta tabela é baseada na Resolução n. 16 da ANP de 17/06/2008. Ela não foi aqui transcrita na sua íntegra. Para mais informações, detalhes e notas explicativas, recomendamos consultar o documento original em questão.

3.4   Principais propriedades

A NBR 15213 [4] define várias propriedades do gás natural, conforme discriminado a seguir.

3.4.1   Poder calorífico superior

O poder calorífico superior corresponde à quantidade de energia liberada na forma de calor, na combustão completa de uma quantidade definida de gás com o ar, à pressão constante e com todos os produtos de combustão retornando à temperatura e pressão iniciais dos reagentes, em que toda a água formada pela reação encontra-se na forma líquida.

3.4.2   Poder calorífico inferior

Propriedade que corresponde à quantidade de energia liberada na forma de calor, na combustão completa de uma quantidade definida de gás com o ar, à pressão constante e com todos os produtos de combustão retornando à temperatura e pressão iniciais dos reagentes, em que toda e água formada pela reação encontra-se na forma gasosa.

A Tabela 3.3 ilustra valores típicos do poder calorífico superior (PCS) e o poder calorífico inferior (PCI) para o gás natural.

Tabela 3.3   Valores típicos de poder calorífico do gás natural

	Base volumétrica (p = 1 atm)								Base mássica	
	Condição normal		Condição padrão ou standard							
	0 °C		15,6 °C		20,0 °C		25,0 °C			
	kJ/m³	kcal/m³	kJ/m³	kcal/m³	kJ/m³	kcal/m³	kJ/m³	kcal/m³	kJ/kg	kcal/kg
PCS	42.660	10.189	40.354	9.639	39.748	9.494	30.081	9.335	52.215	12.472
PCI	38.536	9.204	36.453	8.707	35.906	8.576	35.303	8.432	47.168	11.266

FONTE: Instituto de Pesquisas Tecnológicas (IPT) [5].

3.4.3 Densidade absoluta

É a quantidade de massa por unidade de volume do gás a uma dada pressão e temperatura. Segundo a Comgás [6], o valor típico da densidade absoluta do gás natural a 20 °C e 1 atmosfera é 0,766 kg/m³.

3.4.4 Densidade relativa (ρ_r)

É a relação entre a densidade absoluta de um gás e a densidade absoluta do ar seco com composição padronizada nas mesmas condições de temperatura e pressão.

3.4.5 Índice de Wobbe

É o quociente entre o poder calorífico superior e a raiz quadrada da densidade absoluta do ar seco, sob as mesmas condições de temperatura e pressão.

O Índice de Wobbe pode ser entendido como sendo uma medida da quantidade de energia disponível em um sistema de combustão através de um orifício injetor.

A partir da definição apresentada aqui, podemos conceituar índices de Wobbe superior e inferior, os quais são calculados pelas Equações 3.1 e 3.2:

Índice de Wobbe Superior:

$$W_{SUP} = \frac{PCS}{\sqrt{\rho_r}}$$

(3.1)

Índice de Wobbe Inferior:

$$W_{INF} = \frac{PCI}{\sqrt{\rho_r}}$$

(3.2)

O Índice de Wobbe é utilizado em cálculos envolvendo combustíveis gasosos, em particular em estudos de intercambiabilidade de gases combustíveis. Dois gases combustíveis que apresentem composições distintas, mas com o mesmo Índice de Wobbe, fornecerão a mesma quantidade de energia através de um orifício injetor, quando submetidos a pressões idênticas. Segundo a Comgás [6], o valor típico do Índice de Wobbe inferior (WINF) a 20 °C e 1 atmosfera é de 11.930 Kcal/m³.

3.4.6 Temperatura de chama adiabática

Temperatura de chama adiabática é aquela que seria atingida numa condição hipotética em que a combustão ocorresse num sistema termicamente isolado, e toda a energia química do combustível fosse utilizada no aquecimento dos produtos de combustão. É também denominada de temperatura teórica da chama. Na realidade, as temperaturas efetivas da chama são inferiores à adiabática (que é um limite virtual), pois, a partir do momento em que a chama se estabelece, inicia-se um processo de troca de calor da chama com o meio em que ela se propaga, fazendo com que apenas parte do calor liberado seja utilizada no aquecimento dos produtos de combustão. Tal situação é visualizada nos gráficos ilustrados nas Figuras 3.1 (Variação da temperatura de chama em função do excesso de ar – Teor de O_2 nos gases da combustão) e 3.2 (Variação da temperatura de chama em função da temperatura de admissão do ar de combustão ou do gás natural).

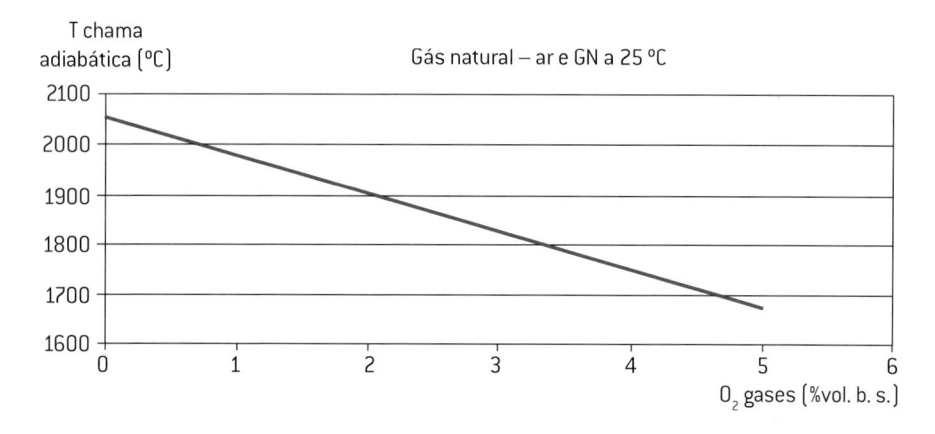

Figura 3.1 Variação da temperatura de chama x excesso de ar

FONTE: IPT[5].

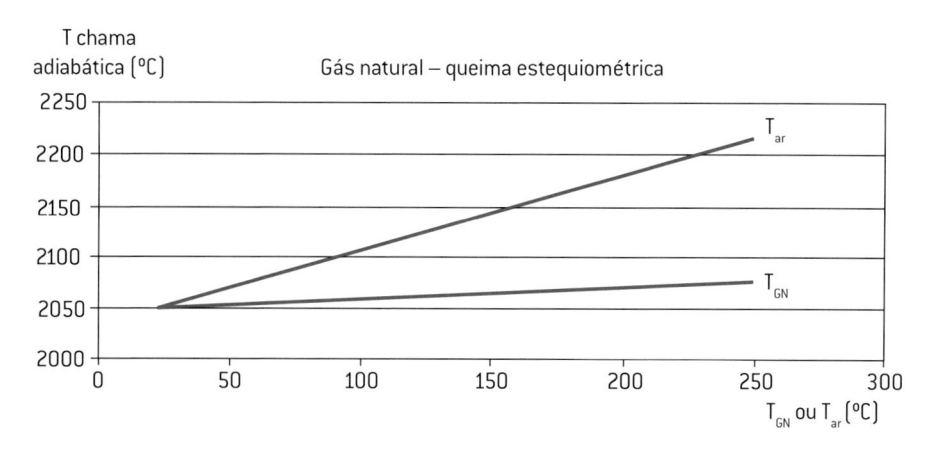

Figura 3.2 Variação da temperatura de chama x temperatura de admissão

FONTE: IPT [5].

3.4.7 Limite de flamabilidade

Existem dois valores do teor de combustível na mistura combustível-comburente que representam as concentrações limites para a propagação da chama. Esses valores extremos são chamados de limites de flamabilidade, ou limites de inflamabilidade, ou, ainda, campos de flamabilidade, ou limites de explosividade, do combustível.

O limite inferior de flamabilidade caracteriza o mínimo teor de combustível na mistura para que ocorra a propagação da chama. A condição é dita superestequiométrica ou combustão pobre (*lean combustion*).

O limite superior de flamabilidade caracteriza o máximo teor de combustível na mistura em que ainda ocorre a propagação da chama. A condição é dita subestequiométrica ou combustão rica (*rich combustion*).

Os limites de flamabilidade do combustível dependem da natureza do comburente, do estado da mistura reagente, da pressão e da temperatura, além das condições de contorno e do escoamento. A presença de inertes também altera os limites. O conhecimento dos limites da inflamabilidade de uma mistura de ar/gás tem sua importância nos seguintes aspectos:

- para operação de purga de tubulações e reservatório de gás;
- determinação do excesso de ar máximo na combustão e, consequentemente, do dimensionamento do queimador;
- segurança em instalações industriais no que se refere à operação de misturas ar/gás em tubulações.

3.5 Odorização do gás natural

O gás natural é odorizado artificialmente em virtude da necessidade de segurança e identificação do produto. Assim, a sua presença pode ser facilmente detectável por qualquer pessoa, antes que a mistura alcance níveis potencialmente perigosos. A intensidade do odor de um gás combustível é uma sensação; sendo assim, não é uma grandeza mensurável. Porém existem procedimentos que permitem atribuir uma escala de valor ao impacto do odor percebido por uma pessoa. Para realizar a odorização, utilizam-se misturas de mercaptanas constituídas de componentes tais como o tercbutilmercaptana, o isopropilmercaptana, o N-propilmercaptana etc.

3.6 Exploração do gás natural

A exploração é a etapa inicial dentro da cadeia do gás natural, consistindo em duas fases. A primeira fase é a pesquisa na qual, por meio de testes sísmicos, verifica-se a existência em bacias sedimentares de rochas reservatórias (estruturas propícias ao acúmulo de petróleo e gás natural). Caso o resultado das pesquisas seja positivo, inicia-se a segunda fase: é perfurado um poço pioneiro e poços de delimitação para comprovação da existência de gás natural ou petróleo em nível comercial. Em seguida, é feito o mapeamento do reservatório.

Os reservatórios de gás natural são constituídos de rochas porosas capazes de reter petróleo e gás. Em função do teor de petróleo bruto e de gás livre, classifica-se o gás quanto ao seu estado de origem, em gás associado e gás não associado.

- **Gás associado**: é aquele que, no reservatório, está dissolvido no óleo ou sob a forma de capa de gás. Nesse caso, a produção de gás é determinada, basicamente, pela produção de óleo. Boa parte do gás é utilizada pelo próprio sistema de produção, podendo ser usada em processos conhecidos como "reinjeção" e "gás *lift*" – com a finalidade de aumentar a recuperação de petróleo do reservatório –, ou mesmo consumida para geração de energia para a própria unidade de produção, que normalmente fica em locais isolados, como é o caso, no Brasil, do campo de Urucu, no Estado do Amazonas.
- **Gás não associado**: é aquele que, no reservatório, está livre ou em presença de quantidades muito pequenas de óleo. Nesse caso, só se justifica produzir o gás comercialmente. Esse é o caso do gás proveniente do campo de San Alberto, na Bolívia.

3.7 Processamento

O processamento do gás natural é realizado por meio de uma instalação industrial denominada Unidade de Processamento de Gás Natural (UPGN). Do gás natural, denominado úmido ou rico, é separada a fração pesada ou rica (propano e mais pesados), denominada líquido de gás natural (LGN), gerando o chamado gás natural seco ou pobre (metano e etano).

O LGN é composto pelo gás liquefeito de petróleo (GLP), popularmente conhecido como gás de cozinha, e pela gasolina natural. Eventualmente, pode-se produzir uma corrente de LGN composta de frações mais pesadas que o etano, de onde será possível separar frações líquidas de etano, de GLP e de gasolina natural. Nesse caso, recupera-se, também, uma fração de gás natural pobre predominante em metano. Essa UPGN recebe o nome de Unidade de Recuperação de Líquidos (URL).

O conceito de riqueza empregado diz respeito ao teor de compostos mais pesados que o propano, constituído pelas frações de GLP e gasolina natural. Assim, quando se diz que uma determinada corrente de gás natural úmido ou rico apresenta riqueza de 6%, isso significa que a corrente é constituída de 6% de GLP e gasolina natural e 94% de gás natural propriamente dito. E será essa parcela de 94% que constituirá, após tratamento e processamento em uma UPGN, a corrente de gás natural seco ou pobre, também chamada de gás natural processado ou residual. Os principais tipos de processos aplicáveis a uma UPGN são os seguintes:

- refrigeração simples;
- absorção refrigerada;
- expansão Joule-Thompson; e
- turbo-expansão.

De maneira simplificada, pode-se dizer que esses processos realizam as mencionadas separações por meio de uma sequência de operações, que pode incluir tratamento (para eliminação de teores remanescentes de umidade), compressão, absorção e resfriamento, dependendo do tipo a ser empregado. Os hidrocarbonetos recuperados podem ser estabilizados e separados por fracionamento, para obtenção dos produtos desejados, na própria UPGN ou em outras unidades específicas, tais como as Unidades de Fracionamento de Líquidos (UFL) e de Processamento de Condensado de Gás Natural (UPCGN).

3.8   Transporte

O transporte do gás natural gasoso é feito por meio de dutos ou, em alguns casos, comprimido, em cilindros de alta pressão. Já no estado líquido, o gás é transportado por meio de navios, barcaças e caminhões criogênicos (ver Seção 3.10). O gasoduto é uma rede de tubulações que leva o gás natural das fontes produtoras até os centros consumidores. O gasoduto Bolívia-Brasil (Gasbol), por exemplo, transporta o gás proveniente da Bolívia para atender os estados de Mato Grosso do Sul, São Paulo, Paraná, Santa Catarina e Rio Grande do Sul (ver Capítulo 2).

O gasoduto transporta grandes volumes de gás, possui tubulações de diâmetro elevado, opera em alta pressão e somente se aproxima das cidades para entregar o gás às companhias distribuidoras, constituindo um sistema integrado de transporte de gás.

3.9   Distribuição

O gás é comercializado por meio de contratos de fornecimento com as companhias distribuidoras de cada estado, detentoras da concessão da distribuição. A transferência de propriedade do gás natural, da transportadora para a concessionária, é feita nas estações de transferência de custódia (*city gates*), que são instalações destinadas a regular a pressão e efetuar a medição do volume de gás entregue à concessionária. É nesse momento que é feita a odorização. Os principais componentes de um sistema de distribuição de gás são:

- Redes de Transporte: são redes operadas pelas concessionárias, destinadas a transportar o gás natural recebido nos *city gates* até as Estações de Regulagem de Pressão. As redes de transporte trabalham com alta pressão (17 bar, por exemplo) e a conexão de clientes é restrita diretamente a essas redes. Outra função dessas redes especiais é formar uma espécie de reservatório de gás, ou um "pulmão", que garante a uniformidade das pressões nas redes de distribuição. A esse tipo de rede dá-se o nome de Reservatório Tubular de Alta Pressão (RETAP).
- Estações de Regulagem de Pressão (ERP): são instalações destinadas a diminuir a pressão do gás natural vindo das redes de transporte e enviá-lo às redes de distribuição, com pressões menores.
- Redes de Distribuição: são redes de gás, geralmente urbanas, que interligam as ERPs com os consumidores. Elas transportam vazões menores de gás natural, e a menores pressões, com tubulações de diâmetros menores que a do gasoduto.

A Figura 3.3 ilustra a cadeia de abastecimento do gás natural, do poço até o consumidor final.

3.10 Transporte e distribuição alternativos

O Brasil é um país de dimensões continentais e nem sempre existem gasodutos e redes de distribuição nos locais de consumo. Tem sido frequente a utilização de sistemas alternativos de transporte e distribuição do gás natural a granel por meio de carretas. Para tal, utiliza-se a compressão do gás natural a alta pressão (cerca de 250 bar) ou a sua liquefação.

3.10.1 Transporte a granel de gás natural comprimido (GNC)

Basicamente, consiste no transporte de gás natural a altas pressões. A viabilidade do transporte do GNC é possível em função do aumento da massa de gás natural por um determinado volume em virtude da sua compressão. Os cilindros utilizados, em condições normais de operação, podem suportar pressões de até 250 bar. Segundo a NBR 15600 [9], existem três modalidades de sistemas de GNC, como segue:

a) GNC com módulos de armazenamento removíveis, transportáveis em veículos transportadores de GNC e abastecidos fora da estação de armazenagem de descompressão de GNC (Figura 3.4);

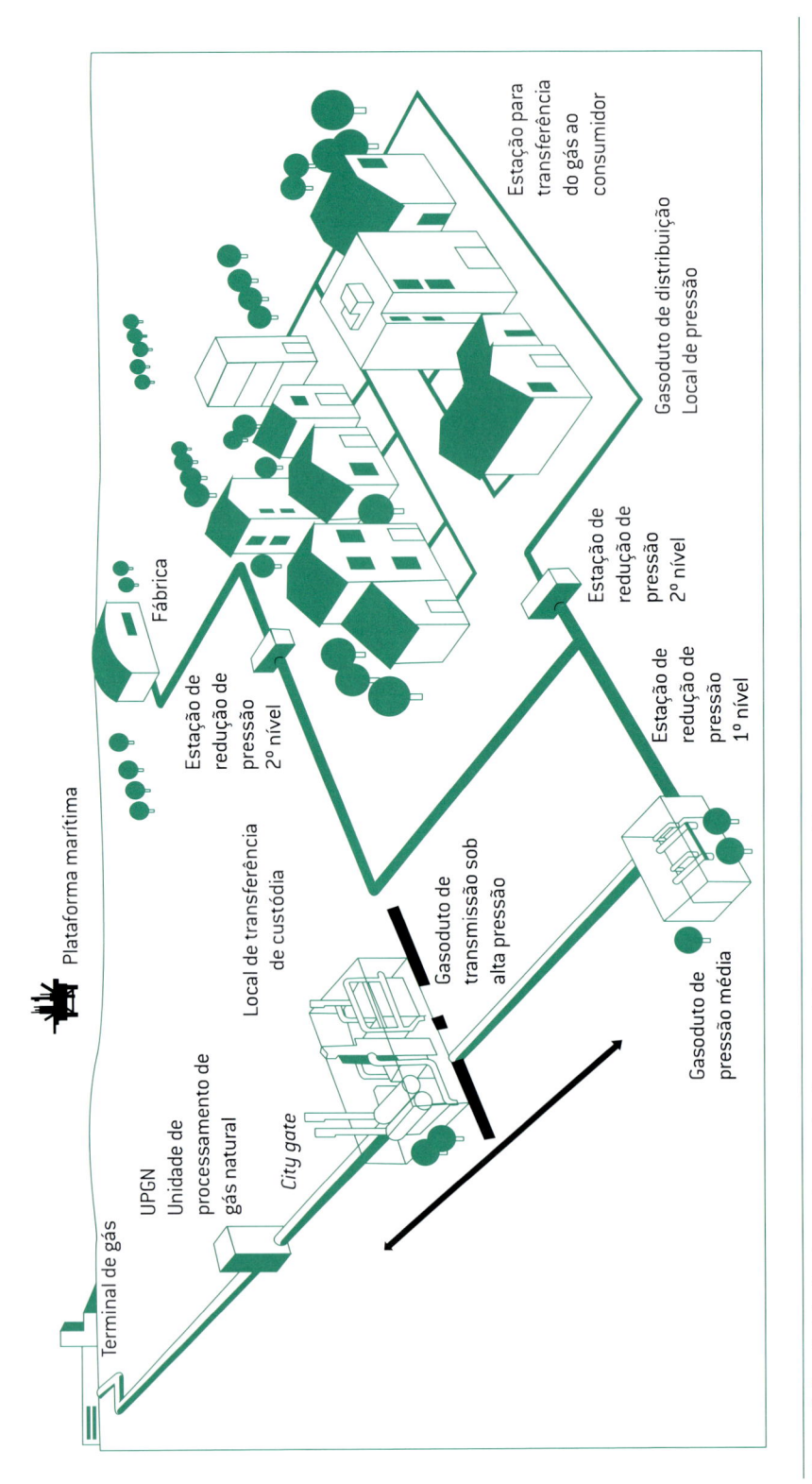

FONTE: Comgás [8].

Figura 3.3   Cadeia de abastecimento do gás natural do poço ao consumidor

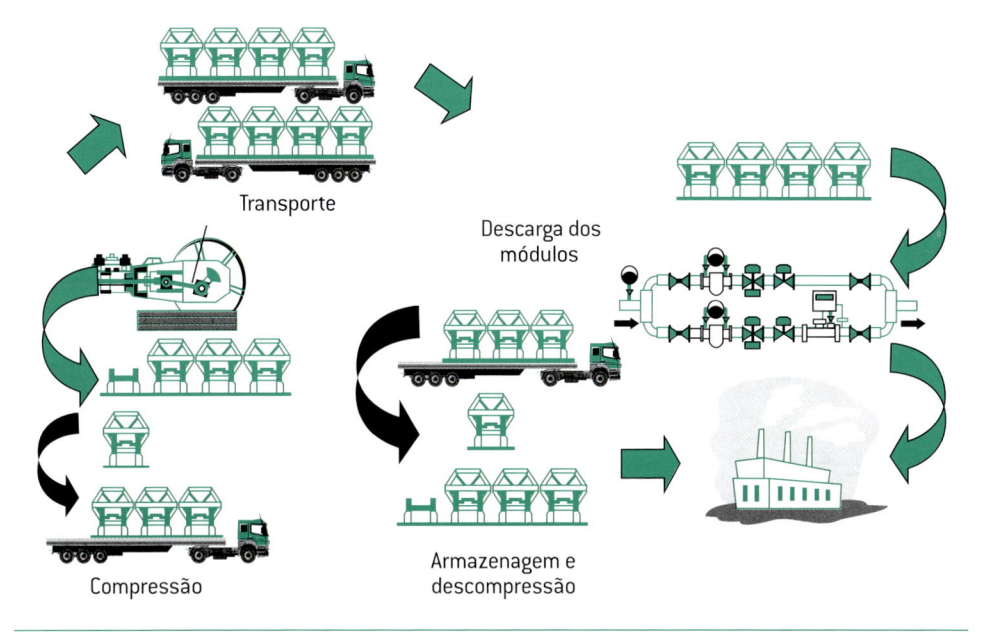

Figura 3.4   Estação de armazenagem e descompressão de GNC com módulos de armazenamento removíveis, transportáveis em veículos transportadores e abastecidos fora da estação de armazenagem de descompressão

FONTE: ABNT [9].

b) GNC com módulos de armazenamento estacionários e abastecidos por meio de transbordamento oriundo de veículo transportador de GNC (Figura 3.5);

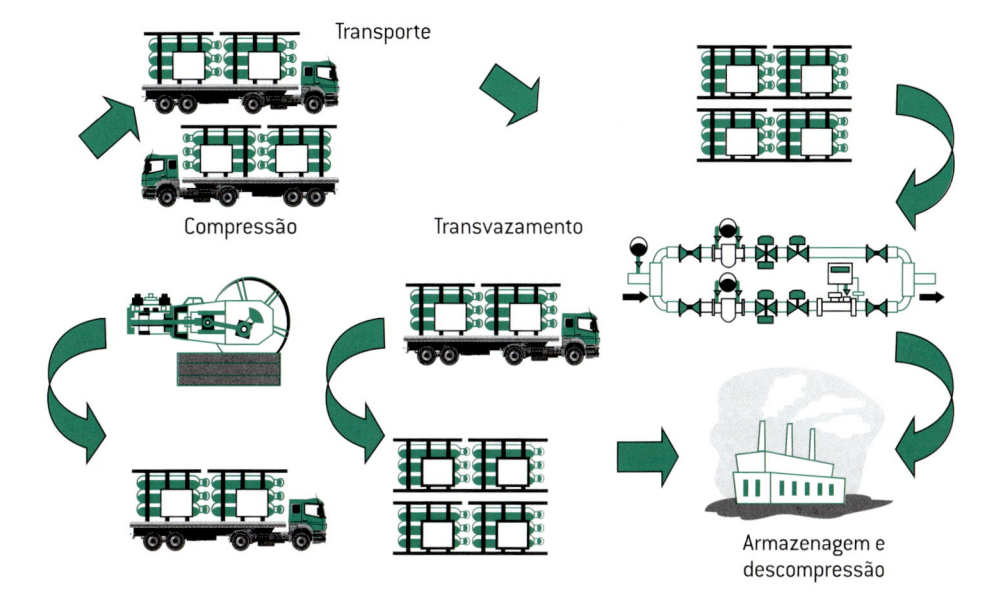

Figura 3.5   Estação de armazenagem e descompressão de GNC com módulos de armazenamento estacionários e abastecidos por meio de transbordamento oriundo de veículo transportador

FONTE: ABNT [9].

c) GNC com módulos de armazenamento posicionados no veículo transportador de GNC, o qual é abastecido fora da estação de armazenamento e descompressão de GNC (Figura 3.6).

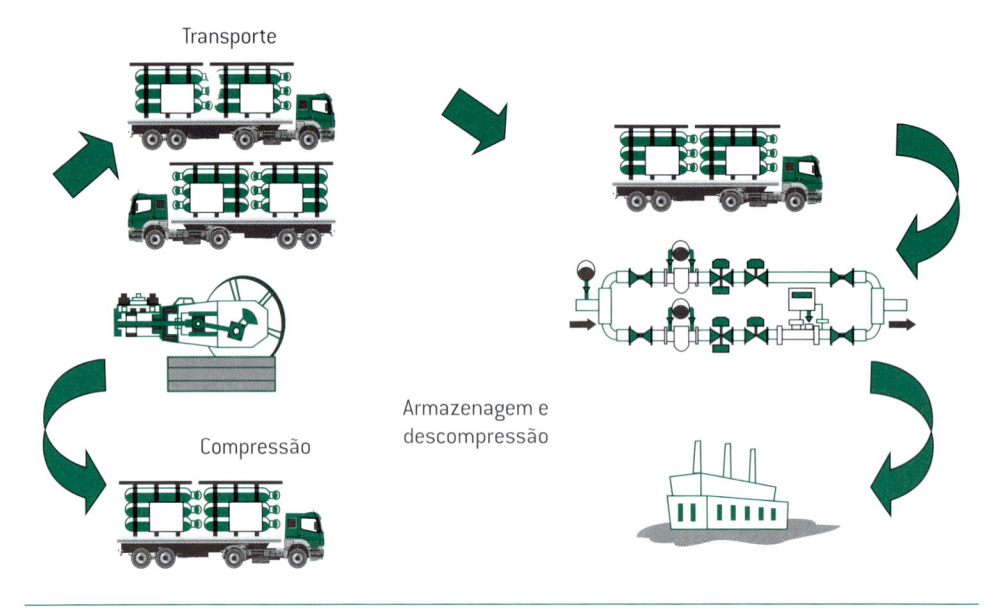

Figura 3.6   Estação de armazenagem e descompressão de GNC com módulos de armazenamento posicionados no veículo transportador, abastecido fora da estação de armazenamento e descompressão de GNC

FONTE: ABNT [9].

3.10.2 Transporte a granel de gás natural liquefeito (GNL)

Basicamente, consiste no transporte de gás natural no estado líquido, a –160 °C, em que seu volume é reduzido em aproximadamente 600 vezes. No sistema de transporte via GNL, segundo Dus e Kawanami [10], primeiramente, retira-se o gás natural em um ponto de coleta do gasoduto. Em seguida, o gás é purificado e então liquefeito em uma estação de liquefação por redução de temperatura até encher um reservatório de armazenamento. O GNL é, então, transferido aos caminhões-tanque por meio de uma bomba criogênica, e esses caminhões realizam o transporte até uma estação de regaseificação próxima ao(s) ponto(s) de consumo. Nessa etapa, o caminhão-tanque é deixado no local para transferir o GNL a um reservatório de armazenamento, até que se esvazie, retornando, então, à estação de liquefação, e iniciando um novo ciclo.

3.11 Princípios básicos da combustão

Segundo a Universidade Estadual de Campinas (Unicamp) [11], reações de combustão são reações químicas que envolvem a oxidação completa de um combustível. Materiais ou compostos são considerados combustíveis industriais quando sua oxidação pode ser feita com liberação de energia suficiente para aproveitamento industrial. Os principais elementos químicos que constituem um combustível são carbono, hidrogênio e, em alguns casos, enxofre. Abaixo são apresentadas as principais reações de combustão:

$$C + O_2 \rightarrow CO_2 \tag{3.3}$$

$$C + \frac{1}{2}O_2 \rightarrow CO \tag{3.4}$$

$$H_2 + \frac{1}{2}O_2 \rightarrow HO_2 \tag{3.5}$$

$$S + O_2 \rightarrow SO_2 \tag{3.6}$$

A combustão é uma reação química exotérmica, que libera calor, entre o combustível e o comburente, ocorrendo, em geral, a altas temperaturas e com ritmos intensos. Essa definição é suficiente para o estudo da estequiometria da combustão. Entretanto, para viabilizar e otimizar qualquer aplicação do processo de combustão, é necessário o entendimento dos fenômenos físicos e químicos envolvidos nas reações (mistura dos reagentes, aquecimento dos reagentes, ignição, trocas de calor e massa etc.), a fim de identificar e prever a influência de cada parâmetro no processo em questão.

No meio industrial é comum o emprego do termo "triângulo da combustão" ou os "três **Ts** da combustão" – Temperatura, Tempo de residência, Turbulência –, o que mostra que está bem disseminado o conhecimento de que a estequiometria não é o único fator a ser considerado para uma combustão adequada. A Figura 3.7 mostra o conhecido "triângulo", acrescido, de um quarto "T".

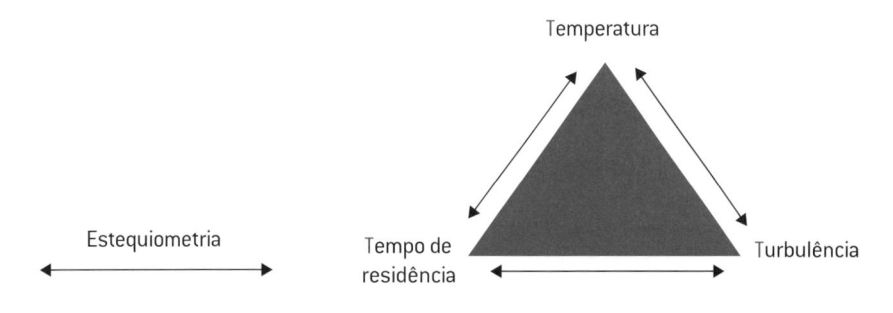

Figura 3.7 Triângulo da combustão

FONTE: IPT [5].

A visualização da Figura 3.7 (triângulo da combustão) indica que a qualidade da combustão depende diretamente das intensidades da temperatura e da turbulência na mistura dos reagentes, do necessário tempo de residência na câmera de combustão, para completar toda a reação, e, finalmente, da estequiometria.

A combustão é um processo conhecido há milhares de anos, mas ainda hoje há aspectos significativos bastante desconhecidos. Isso se deve à extrema complexidade, bem como à elevada velocidade de suas distintas etapas, e à consequente dificuldade de mensuração e investigação. Mesmo a chama mais simples é resultado de muitas reações químicas quase simultâneas, cujo estudo requer a resolução de problemas acoplados de mecânica dos fluidos, termoquímica, cinética química, transporte molecular de massa e energia, e trocas de calor.

Um aspecto importante relacionado com a combustão é a toxidez de um ambiente, a qual é função direta da porcentagem de monóxido de carbono, gerada pela combustão. Por exemplo, um ambiente que contém apenas 1% de CO é quase que instantaneamente letal ao organismo humano. O monóxido de carbono é um gás que pode estar presente entre os produtos de combustão cuja queima não foi completa. Segundo Visani [7], trata-se um gás inodoro, insípido e impossível de ser detectado pelos nossos sentidos, mas altamente tóxico. É, também, um gás explosivo, que pode formar misturas explosivas com o ar em proporções que variam de 12,5% a 74% de gás. O monóxido de carbono é letal ao organismo humano porque é absorvido pela hemoglobina do sangue mais rapidamente que o oxigênio e não pode ser removido da mesma, reduzindo, desse modo, a quantidade de oxigênio que a corrente sanguínea deveria carregar para as diversas partes do corpo humano. Nessas condições, esse gás provoca a morte do indivíduo pela deficiência do oxigênio. A observância dos requisitos estipulados por normas garantem a total segurança no emprego desse gás.

3.11.1 Estequiometria

Define-se estequiometria como sendo a quantidade de comburente (oxidante, usualmente o ar atmosférico) no mínimo valor necessário para a queima completa de uma determinada quantidade de combustível.

Tendo em vista que a maioria dos processos industriais de combustão utiliza o ar ambiente como fonte de fornecimento de oxigênio para a queima, o conhecimento das quantidades necessárias é fundamental para a obtenção de eficiência térmica (ver Capítulo 5, Seção 5.3). A Tabela 3.4 indica as propriedades do ar atmosférico:

Tabela 3.4   Propriedades do ar atmosférico

	Base seca		Base úmida	
	Volume	Massa	Volume	Massa
Oxigênio, (%)	20,9	23,2	20,6	23,0
Nitrogênio, (%)	79,1	76,8	77,9	76,1
Mol, kg/kg–mol	28,8		28,7	
Densidade, kg/Nm^3	1,287		1,279	

FONTE: IPT [5].

Da tabela acima, conclui-se que, em volume e na base seca, o nitrogênio representa 3,78 volumes em relação ao volume do oxigênio. Portanto, a combustão estequiométrica de um hidrocarboneto pode ser representada pela Equação 3.7.

$$C_xH_y + a \times \left(O_2 + 3{,}78 \times N_2\right) \to x \times CO_2 + \frac{y}{2} \times H_2O + a \times 3{,}78 \times N_2 \qquad [3.7]$$

Onde:
x, y e a são os números de moles dos reagentes e dos produtos de combustão.

Pelo balanço do oxigênio, tem-se:

$$2a = 2x + \frac{y}{2} \qquad [3.8]$$

Portanto:

$$a = x + \frac{y}{4} \qquad [3.9]$$

Na prática, para se conseguir a combustão completa do hidrocarboneto, ou seja, para que todo o carbono e hidrogênio presentes sejam levados às suas formas mais oxidadas (CO_2 e H_2O), é necessário, em geral, fornecer uma quantidade de ar acima da estequiométrica. Definem-se então os conceitos de coeficiente de ar e excesso de ar.

$$\text{Coeficiente de ar: } \lambda = \frac{\text{Massa de ar utilizada}}{\text{Massa de ar estequiométrica}} \qquad [3.10]$$

$$\text{Excesso de ar: } a = \left(\lambda - 1\right) \times 100 \qquad [3.11]$$

Com a definição do λ, este pode ser incluído na Equação 3.7, como segue:

$$C_xH_y + a \times \lambda \times \left(O_2 + 3{,}78 \times N_2\right) \to$$

$$x \times CO_2 + \frac{y}{2} \times H_2O + a \times \lambda \times 3{,}78 \times N_2 + a \times \left(\lambda - 1\right) \times O_2 \qquad [3.12]$$

Definido os principais compostos químicos presentes no gás natural, torna-se possível identificar os valores de x, y e a. Para o caso do metano (CH_4), teremos respectivamente $x = 1$, $y = 4$ e $a = 2$. Substituindo esses valores na Equação 3.12, teremos:

$$CH_4 + 2\lambda O_2 + 7{,}56\lambda N_2 \to CO_2 + 2H_2O + 7{,}56\lambda N_2 + 2\left(\lambda - 1\right)O_2 \qquad [3.13]$$

Para $\lambda = 1$, teremos

$$CH_4 + 2O_2 + 7,56N_2 \rightarrow CO_2 + 2H_2O + 7,56N_2 \qquad [3.14]$$

Dessa equação, conclui-se que a necessidade de oxigênio por metano (relação em massa) é de duas unidades de massa de oxigênio por uma unidade de massa de metano. Aplicando-se as massas moleculares do oxigênio e do metano de 32 e 16 respectivamente, resulta 4 kg de oxigênio por kg de metano. Pelo percentual de metano na composição típica do gás natural na Tabela 3.1 de 89% em volume, conhecidas as densidades absolutas desse gás de 0,714 e do gás natural de 0,817 kg/Nm³, converte-se o percentual em volume do metano para percentual em massa, resultando no valor do percentual desse gás no gás natural de 77,8% em massa. Após esta conversão, finalmente conclui-se que a necessidade de oxigênio, agora por gás natural, relativa ao metano (relação em massa) é de 3,11 kg de oxigênio por kg de gás natural.

Aplicando-se a mesma metodologia do gás metano apresentada aqui aos outros principais compostos químicos presentes no gás natural – o etano e o propano – resultam as duas situações a seguir:

Para o etano (C_2H_6), onde: $x = 2,0$, $y = 6,0$ e $a = 3,5$, teremos:

$$C_2H_6 + 3,5O_2 + 13,23N_2 \rightarrow 2CO_2 + 3H_2O + 13,23\lambda N_2 + 3,5(\lambda - 1)O_2 \qquad [3.15]$$

Para $\lambda = 1$, teremos:

$$C_2H_6 + 3,5O_2 + 13,23N_2 \rightarrow 2CO_2 + 3H_2O + 13,23N_2 \qquad [3.16]$$

Dessa equação, conclui-se que a necessidade de oxigênio por etano (relação em massa) é de três unidades e meia de massa de oxigênio por uma unidade de massa de etano. Aplicando as massas moleculares do oxigênio e do etano de 32 e 30, respectivamente, resulta 3,73 kg de oxigênio por kg de etano. Pelo percentual de etano na composição típica do gás natural na Tabela 3.1 de 6% em volume, conhecidas as densidades absolutas deste gás de 1,339 e do gás natural de 0,817 kg/Nm³, converte-se o percentual em volume desse gás para percentual em massa, resultando no valor do percentual deste gás no gás natural de 9,8% em massa.

Após essa conversão, finalmente conclui-se que a necessidade de oxigênio, agora por gás natural, relativa ao etano (relação em massa) é de 0,37kg de oxigênio por kg de gás natural.

Finalmente, para o propano (C_3H_8), onde $x = 3,0$, $y = 8,0$ e $a = 5,0$, teremos:

$$C_3H_8 + 5\lambda O_2 + 18,9\lambda N_2 \rightarrow 3CO_2 + 4H_2O + 18,9\lambda N_2 + 5(\lambda - 1)O_2 \qquad [3.17]$$

Para $\lambda = 1$:

$$C_3H_8 + 5O_2 + 18,9N_2 \rightarrow 3CO_2 + 4H_2O + 18,9N_2 \qquad [3.18]$$

Dessa equação, conclui-se que a necessidade de oxigênio por propano (relação em massa) é de cinco unidades de massa de oxigênio por uma unidade de massa de propano. Aplicando as massas moleculares do oxigênio e do propano de 32 e 44, respectivamente, resulta em 3,64 kg de oxigênio por kg de propano. Pelo percentual de propano na composição típica do gás natural na Tabela 3.1 de 1,8% em volume, conhecidas as densidades absolutas do propano de 1,963 e do gás natural de 0,817 kg/Nm³, converte-se o percentual em volume desse gás para percentual em massa, resultando no valor do percentual do propano no gás natural de 4,3% em massa. Após essa conversão, conclui-se que a necessidade de oxigênio, agora por gás natural, relativa ao propano (relação em massa) é de 0,16 kg de oxigênio por kg de gás natural.

Somando as necessidades de oxigênio, para os três gases aqui citados, chega-se a um valor de 3,64 kg de oxigênio/kg de gás natural, considerando que o oxigênio está presente em 23% em massa no ar atmosférico (Tabela 3.4), então, finalmente é obtido o valor da relação estequiométrica de 15,8 kg de ar por kg de gás natural.

Considerando-se todos os demais gases, além desses três principais, cujo cálculo está apresentado aqui, ou seja, o butano, pentano, hexano e superiores, chega-se ao valor indicado na Tabela 3.5 a seguir, de 16,3 kg ar por kg de gás natural. Nessa mesma tabela, esse valor, acrescido de 1 kg de gás natural, resulta no 17,3 kg de gases de combustão por kg de gás natural.

Tabela 3.5 Vazões de ar e gases na combustão completa e estequiométrica do gás natural

Vazão	Unidade	Combustão	
		Ar	Gases
Em massa	kg/kg de GN	16,3	17,3
	kg/Nm³ de GN	13,3	14,2
Volume	kg/MJ	0,35	0,37
	Nm³/kg de GN	12,7	14,1
	Nm³/Nm³ de GN	10,4	11,5
	Nm³/MJ	0,27	0,3

FONTE: IPT [5].

A Tabela 3.6 ilustra as vazões de ar e gases na combustão completa do gás natural e o coeficiente de ar λ, bem como a composição dos gases de combustão completa e estequiométrica.

Tabela 3.6   Vazões de ar e gases na combustão completa do gás natural e com coeficiente de ar λ

Vazão		Combustão	
		Ar	Gases
Em massa	kg/kg de GN	$16,3\times\lambda$	$(16,3\times\lambda)+1$
$\dfrac{\left((16,3\times\lambda)+1\right)}{47,168}$	kg/Nm³ de GN	$16,3\times\lambda\times0,817$	$\left((16,3\times\lambda)+1\right)\times0,817$
	kg/MJ	$0,35\times\lambda$	$\dfrac{\left((16,3\times\lambda)+1\right)}{47,168}$
Em volume	Nm³/kg de GN	$\dfrac{16,3\times\lambda}{1,287}$	$\left(\dfrac{16,3\times\lambda}{1,287}\right)\times0,817$
	Nm³/Nm³ de GN	$\left(\dfrac{16,3\times\lambda}{1,287}\right)\times0,817$	$\dfrac{\left((16,3\times\lambda)+1\right)\times0,817}{1,365}$
	Nm³/MJ	$\dfrac{0,35\times\lambda}{1,287}$	$\dfrac{\left((16,3\times\lambda)+1\right)}{\left(47,168\times1,365\right)}$

FONTE: Comgás [12].

Onde:

$$\rho\,Gás\ natural = 0,817\,\frac{Kg}{Nm^3}$$

$$\rho\,Ar = 1,287\,\frac{Kg}{Nm^3}$$

$$\rho\,Gases\ combustão = 1,365\,\frac{Kg}{Nm^3}$$

$$PCI\ Gás\ natural = 47.168\,\frac{KJ}{Kg}$$

3.11.2 Produtos da combustão

Por meio dos cálculos estequiométricos vistos na seção anterior, torna-se possível efetuar os cálculos das composições dos gases de combustão (ver Tabela 3.7).

Tabela 3.7   Composição dos gases de combustão completa e estequiométrica

Gases de combustão Composição (% em volume)					
CO_2		N_2		H_2O	
Base seca	Base úmida	Base seca	Base úmida	Base seca	Base úmida
12, 1	9,7	87, 9	70,7	24, 3	19, 6

FONTE: IPT [5].

Considerando uma composição típica para o gás natural, em que não haja oxidação do nitrogênio presente no combustível e medindo-se os teores de O_2 ou CO_2 (ver Figura 3.8, a seguir) dos gases de combustão (escape), podem ser calculados parâmetros importantes do processo de combustão. Por exemplo, considerando que seja medido o teor de O_2 dos gases (o que é mais comum), a próxima tabela mostra o excesso de ar (α) que pode ser calculado. Nas duas tabelas seguintes, o teor de O_2 dos gases está em base seca. Caso o instrumento de medição do teor de O_2 forneça o resultado em base úmida, o equivalente em base seca pode ser estimado utilizando a expressão Equação 3.19.

$$(O_2\% \text{ vol. base}) = 1,2 \times (O_2\% \text{ vol. Base úmida}) \qquad [3.19]$$

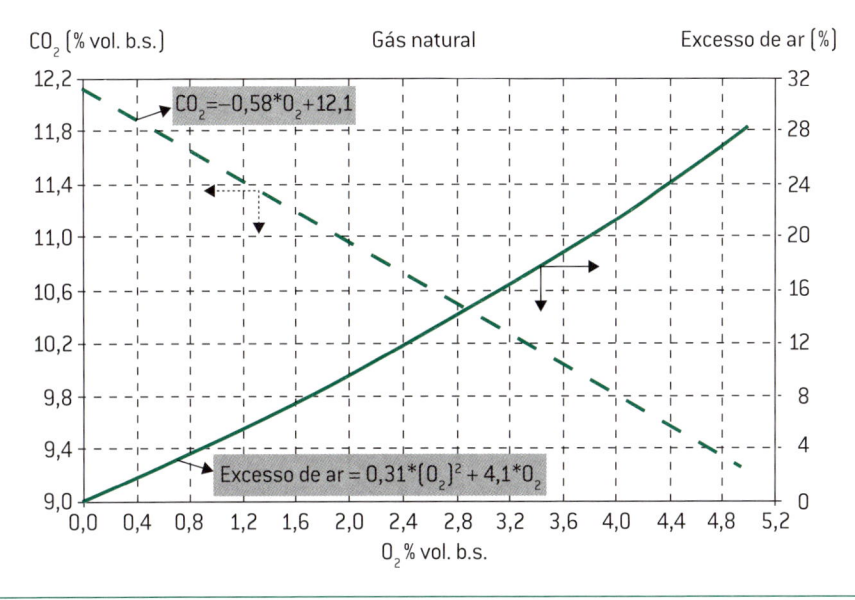

Figura 3.8 Teor de O_2 (CO_2) nos gases de combustão × excesso de ar

FONTE: IPT [5].

A Figura 3.9 mostra as vazões de gases ou do ar de combustão que podem ser calculados, considerando que seja medido o teor de O_2.

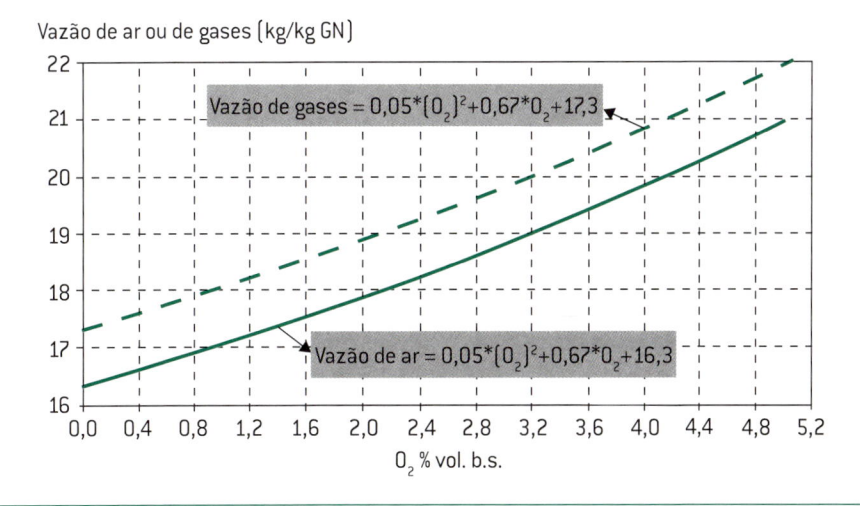

Figura 3.9 Gráfico teor de O_2 (CO_2) nos gases de combustão × vazões de gases ou de ar de combustão

FONTE: IPT [5].

3.12 Referências bibliográficas

[1] BRASIL. Lei n. 9.478/97 "Lei do Petróleo". **Diário Oficial da União**. Brasília, 7 ago. 1997.

[2] COMPANHIA DE GÁS DE SÃO PAULO – Comgás. **Conheça a Comgás e o Gás Natural. Quero saber mais sobre o Gás Natural. A composição do Gás Natural.** Disponível em: <www.comgas.com.br>. Acesso em: 23 jul. 2009.

[3] AGÊNCIA NACIONAL DO PETRÓLEO, GÁS NATURAL E BIOCOMBUSTÍVEIS – ANP. **Resolução ANP n. 16, de 17 de junho de 2008.** Disponível em: <http://www.anp.gov.br>. Acesso em: 23 jul. 2009.

[4] ASSOCIAÇÃO BRASILEIRA DE NORMAS TÉCNICAS – ABNT. **NBR 15213 – Gás natural e outros combustíveis gasosos – Cálculo do poder calorífico, densidade absoluta, densidade relativa e índice de Wobbe a partir da composição.** Rio de Janeiro, out. 2008. 45 p.

[5] INSTITUTO DE PESQUISAS TECNOLÓGICAS DE SÃO PAULO – IPT. **Manual de Procedimentos para Utilização Racional de Gás Natural em Caldeiras – Relatório Técnico n. 99339-205 final CETAE** – Centro de Tecnologias Ambientais e Energéticas – Laboratório de Energia Térmica, Motores, Combustíveis e Emissões. São Paulo, abr. 2008.

[6] COMPANHIA DE GÁS DE SÃO PAULO – Comgás. **Conheça a Comgás e o Gás Natural. Quero saber mais sobre o Gás Natural. FISPQ.** Disponível em: <www.comgas.com.br>. Acesso em: 24 jul. 2009.

[7] VISANI, Millo. **Combustíveis.** Apostila do curso de atualização em gases combustíveis. Liceu de Artes e Ofícios de São Paulo. São Paulo, 2006.

[8] COMPANHIA DE GÁS DE SÃO PAULO – Comgás. **A história do gás.** Disponível em: <www.comgas.com.br>. Acesso em: 30 jan. 2010.

[9] ASSOCIAÇÃO BRASILEIRA DE NORMAS TÉCNICAS – ABNT. **NBR 15600 – Estação de armazenagem e descompressão de gás natural comprimido – Projeto, construção e operação.** Rio de Janeiro, jan. 2010. 46 p.

[10] DUS, Pedro Luiz; KAWANAMI, Roberto Yoshio. **Meios alternativos de fornecimento de gás natural para a indústria – GNC e GNL.** 2007, 161 f. Monografia (MBA em Gestão de Energia). Escola Politécnica da Universidade de São Paulo, São Paulo, 2007.

[11] UNIVERSIDADE ESTADUAL DE CAMPINAS – Unicamp. **Tecnologia de combustão.** Apostila do departamento de Energia Térmica e de Fluídos. Campinas, Jjl. 2002.

[12] COMPANHIA DE GÁS DE SÃO PAULO – Comgás. **Workshop – a utilização racional de gás natural em aplicações de geradores (Caldeiras).** São Paulo, nov. 2009.

4 Equipamentos e materiais para gás natural

4.1 Tubulações para gás natural

Os materiais utilizados nas tubulações de gás natural nas indústrias variam como segue:

- aço: obrigatório para pressões acima de 4/7 bar;
- polietileno: para dutos enterrados com pressões de até 4/7 bar;
- cobre e aço galvanizado para pressões menores e instalações prediais.

As conexões dos dutos de aço podem ser soldadas, roscadas ou flangeadas. As roscas podem ser da forma construtiva NPT ou BSP. Os flanges são classificados de acordo com a pressão nas classes 150, 300 etc., e também de acordo com configuração da face (plana, com ressalto, ou de encaixe macho-fêmea tipo anel) e o seu acabamento (ranhurado ou liso).

Os dutos de polietileno são encontrados nas modalidades PE 80 (pressões de até 4 kgf/cm²) e PE 100 (pressões de até 7 kgf/cm²). Esses tubos são soldados por processos denominados de eletrofusão ou termofusão.

4.2 Válvulas em geral

As válvulas são instaladas para interromper a passagem de gás, podendo ser manuais ou automáticas e têm como função principal nas indústrias a interrupção do fluxo de gás em situações planejadas ou emergenciais, além de possibilitar as paradas para manutenção dos equipamentos. Atualmente, o tipo de válvula de bloqueio mais utilizada para gás natural é a do tipo esfera.

4.3   Filtragem do gás natural

O gás natural, no seu percurso desde o poço de produção até o consumidor, na sua cadeia de abastecimento, é passível de arrastar partículas sólidas e líquidas, as quais podem ser provenientes do poço de produção ou dos compressores. Mesmo com todos os cuidados que são tomados, e apesar de esse energético ser, dentre os combustíveis fósseis, o mais isento de impurezas, existe a possibilidade da presença de resíduos de água, enxofre e dióxido de carbono. A água pode levar à formação de hidretos, e o enxofre à formação de ácidos, sendo que ambos atacarão a tubulação. O dióxido de carbono pode levar à formação de ácidos em tubulações de alta pressão, corroendo-as. Dessa forma, o fluxo de gás, em atrito com a parede interna da tubulação, desprende e arrasta partículas oriundas dessa corrosão. Em linhas novas, podem ainda estar presentes limalhas metálicas, bem como respingos e carepas de solda provenientes de limpeza malfeita, e pequenas quantidades residuais de água, oriundas do teste hidrostático, que também são todos arrastados pelo fluxo do gás.

Diante do exposto, a filtração de gases tem apresentado importância crescente nas aplicações do gás natural nas indústrias, em virtude das exigências, cada vez maiores, de grau de limpeza do gás, dada a comprovação de vantagens cada vez mais contundentes nos seguintes aspectos:

- Manutenção – a remoção de impurezas contidas no gás traduz-se em economia pela redução dos custos de manutenção na substituição de componentes internos que se desgastam mais rapidamente pela erosão causada por tais impurezas que podem, ainda, causar problemas de travamento que exigirão a substituição completa do instrumento.
- Segurança – a não remoção de algumas impurezas podem acarretar em entupimento ou afetar a vedação de alguns equipamentos de segurança, fazendo com que estes venham a falhar no momento e que deveriam funcionar e, com isso, provocar acidentes diretos ou indiretos.

Basicamente podemos definir filtragem (Figura 4.1) como sendo a remoção das partículas sólidas de um fluido pela passagem desse fluido através de um meio filtrante no qual os sólidos ficam depositados.

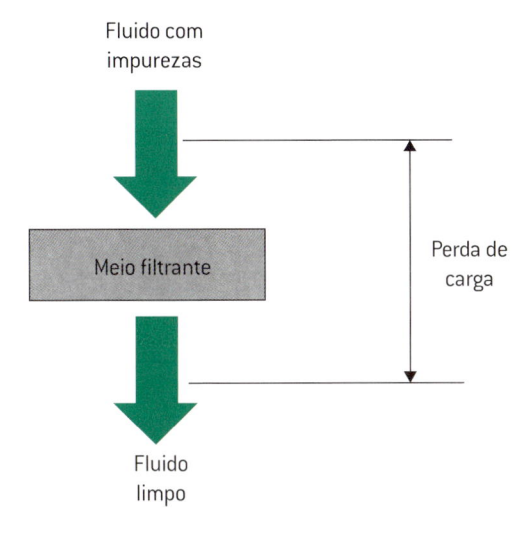

Figura 4.1 Esquema de funcionamento de um filtro

4.3.1 Modalidades de filtração

Existem duas modalidades de filtração: a de superfície e a de profundidade (Figura 4.2).

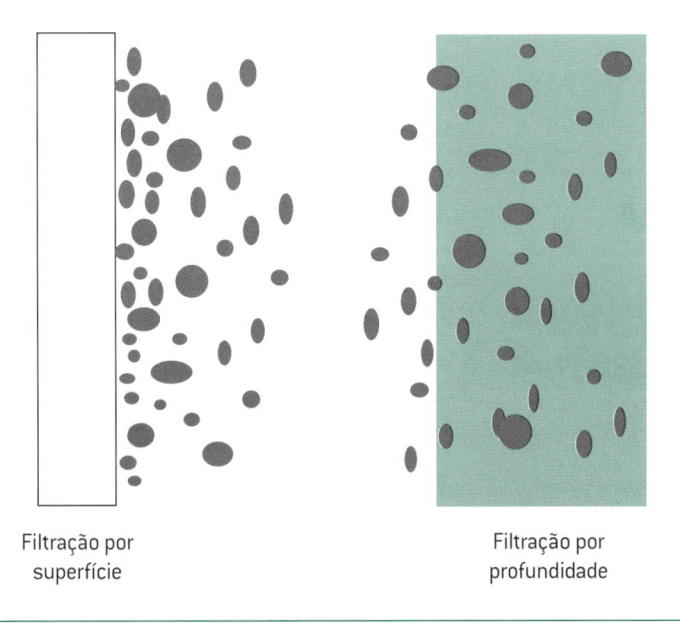

Filtração por superfície

Filtração por profundidade

Figura 4.2 Modalidades de filtração

- Filtração de superfície: é aquela cujos filtros acumulam na superfície do seu meio filtrante sólidos maiores que os orifícios que o constitui. Os meios filtrantes de superfície mais usados são as chapas perfuradas e as malhas metálicas ou sintéticas.

- Filtração de profundidade: é aquela cujas partículas, ao adentrarem no meio filtrante, percorrem caminhos longos e tortuosos, até serem retidas por vários motivos (gravidade, difusão e inércia), e aderem ao meio filtrante por meio de forças moleculares ou eletrostáticas. Esses meios filtrantes apresentam grande capacidade de retenção de sólidos e normalmente são usados para filtragem fina, com grau de filtragem menor que 100 micra[1]. Os meios filtrantes mais usados são os de areia, bronze sinterizado, fibra de vidro, fibras vegetais e sintéticas.

4.3.2 Filtros típicos

4.3.2.1 Filtros tipo cesto (superfície)

Os filtros tipo cesto (Figura 4.3) têm seu elemento filtrante em forma de um cesto, em cujo interior os sólidos são retidos. Existem diferentes modalidades de filtros tipo cesto, tais como simplex, duplex (permite a limpeza da cesta sem interrupção do fluxo), Tipo T, Tipo Y etc. Os elementos filtrantes usados no filtro tipo cesto são a chapa perfurada e a tela metálica (Figura 4.4). Segundo Dus [1], os cestos metálicos são capazes de filtrar partículas de até 25 micra.

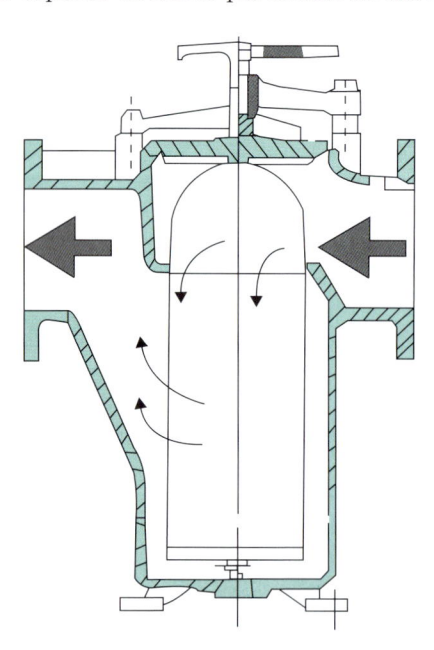

Figura 4.3   Filtro tipo cesto

---

[1]   Um (1) mícron (também denominado de micrômetro) = 1×10^{-6} m.

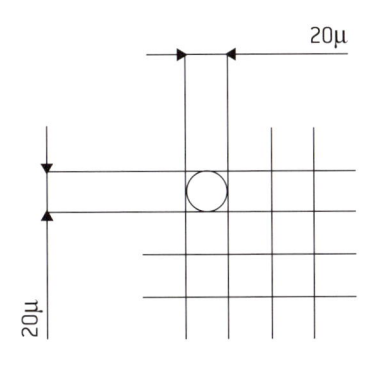

Figura 4.4   Tela metálica

4.3.2.2 *Filtros tipo cartucho*

Os filtros tipo cartucho (Figura 4.5) são utilizados para remover maiores quantidades de sólidos, com grau de filtragem normalmente menor que 40 micra, podendo remover até partículas submicrômicas. Possuem, geralmente, vários elementos filtrantes instalados no interior de uma carcaça metálica, a qual é projetada de acordo com as condições de operação e o número de elementos filtrantes necessários. Os filtros tipo cartucho podem ser fabricados em diferentes formas construtivas, assim como os filtros tipo cesto. Seus elementos filtrantes são de vários tipos e de construção bastante variada, mantendo apenas o formato cilíndrico como característica comum entre todos. Os materiais de construção dos cartuchos filtrantes também são variados, como, por exemplo, papel, nylon, materiais plásticos avançados, metais sinterizados, fibra de borosilicato etc.

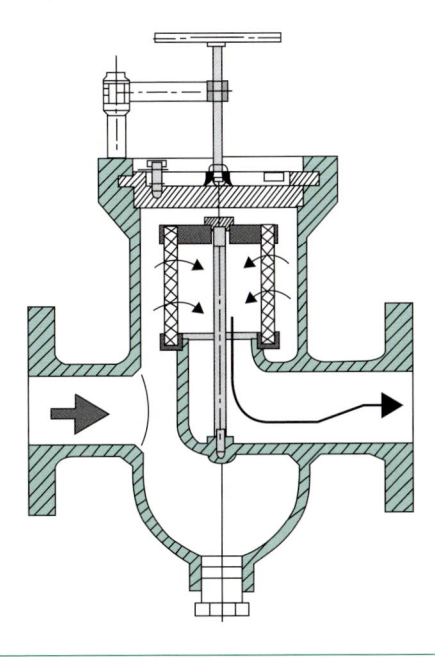

Figura 4.5   Filtro tipo cartucho

4.3.2.3 Filtro temporário

São filtros projetados para uso durante a partida de linhas novas ou reformados, quando é comum encontrar fragmentos, tais como carepa de solda, tocos de eletrodos, ferrugem estopa, limalha etc., que podem causar grandes danos aos equipamentos montados na linha de gás. São conhecidos como "chapéus de bruxa". De construção cônica e robusta, suportam grandes diferenciais de pressão. São facilmente instalados entre flanges de diversos padrões e classes de pressão, e fornecidos em aço carbono ou inoxidável, com perfuração padrão de 2,0 a 6,4 mm.

4.4 Reguladores de pressão

Basicamente, o regulador de pressão é um equipamento que faz com que a pressão de saída, de onde é instalado gás, permaneça estável, independentemente de qualquer variação da pressão de entrada e da vazão que por ele escoa. Essa pressão de saída é mantida relativamente constante (varia dentro de uma faixa de tolerância). Os reguladores são também conhecidos como válvulas reguladoras de pressão ou redutoras de pressão, e são auto-operados, ou seja, utilizam a própria energia do gás para controlar a pressão. Segundo a ABNT 15590 [2], os reguladores se classificam em:

- regulador de estágio único – que reduz a pressão dos recipientes ou rede de distribuição diretamente para a pressão de utilização dos equipamentos de consumo;
- regulador de primeiro estágio – que reduz a pressão dos recipientes ou rede de distribuição diretamente para uma pressão de transporte do gás;
- regulador de segundo estágio – que reduz a pressão da rede posterior ao regulador de primeiro estágio para uma pressão de utilização dos equipamentos de consumo.

Os reguladores podem ser de dois tipos: ação direta ou pilotado. O regulador do tipo pilotado possui melhor precisão no controle da pressão. Os reguladores de auto-operados, de um modo geral, são constituídos basicamente por dois componentes principais, que são o conjunto de restrição e o atuador (ver Figura 4.6).

4.4.1 Conjunto de restrição

Componente que limita a vazão de gás. A variação de sua abertura permite a regulagem da pressão de saída. Nele, encontra-se o orifício de restrição e o assento, ligado por uma haste ao mecanismo atuador.

4.4.2 Atuador

Componente que contém os elementos que medem a pressão de saída e a compara com um valor estabelecido pela pressão da mola e posiciona o assento controlando o fluxo de gás. É constituído por uma carcaça dividida em duas partes pelo diafragma. Na parte superior, chamada tampo, encontra-se a mola e a porca de carregamento. A mola é feita de aço ou lítio, de forma espiralada e elástica, podendo ter sua força regulada pela porca de carregamento. No tampo encontra-se, também, uma abertura para a atmosfera chamada respiro (Figura 4.6). Na parte inferior chamada fundo, acha-se o prato suporte do diafragma e um mecanismo de alavancas que transmite e multiplica a força do diafragma para o assento, chamado mecanismo multiplicador. A câmara ao fundo da carcaça e abaixo do diafragma está em comunicação com a pressão de saída do corpo da válvula. É desse modo que a pressão de saída é medida.

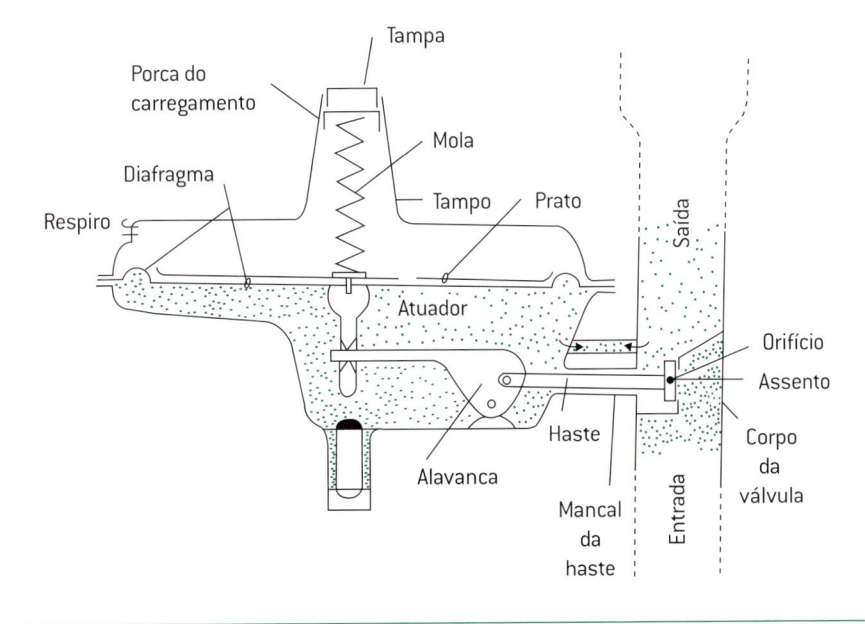

Figura 4.6 Esquema didático de um regulador de pressão de gás

4.4.3 Funcionamento do regulador (ação direta)

O orifício de restrição e assento são os elementos de regulagem do fluxo (vazão) de gás, por meio do conjunto de restrição. A ação do assento e do orifício poderá ser mais bem compreendida se imaginarmos uma forma qualquer de restringir a passagem do fluxo de gás em uma tubulação (ex: uma válvula manual). Se a válvula estiver fechada, não haverá pressão de saída. À medida que abrimos a válvula, a pressão aumenta e a pressão de saída atingirá seu valor máximo quando do a válvula estiver totalmente aberta. No regulador, o elemento de restrição é o conjunto orifício-assento que, acionado pelo diafragma, fará passar maior ou menor quantidade de gás, conforme variação da pressão estabelecida. O diafragma é o elemento que mede a pressão de saída, a compara com a força exercida pela mola na sua superfície superior e atua no assento; é de formato circular, moldado, fino e flexível, sendo usualmente feito de Buna N, Neoprene ou outras borrachas sintéticas, reforçado com tecido de *nylon*. No diafragma, encontramos duas forças em oposição:

- a força da mola, exercida na superfície superior do prato do diafragma;
- a pressão de saída, exercida na superfície inferior do diafragma.

O equilíbrio dessas duas pressões depende a posição do assento (Figura 4.7).

- Quando a pressão de saída for maior do que a pressão produzida pela mola, o diafragma move-se para cima, diminuindo a abertura do orifício de restrição.
- Quando a pressão de saída for inferior à da mola, o diafragma move-se para baixo, aumentando a abertura do orifício de restrição até um ponto de equilíbrio, que é a pressão desejada.

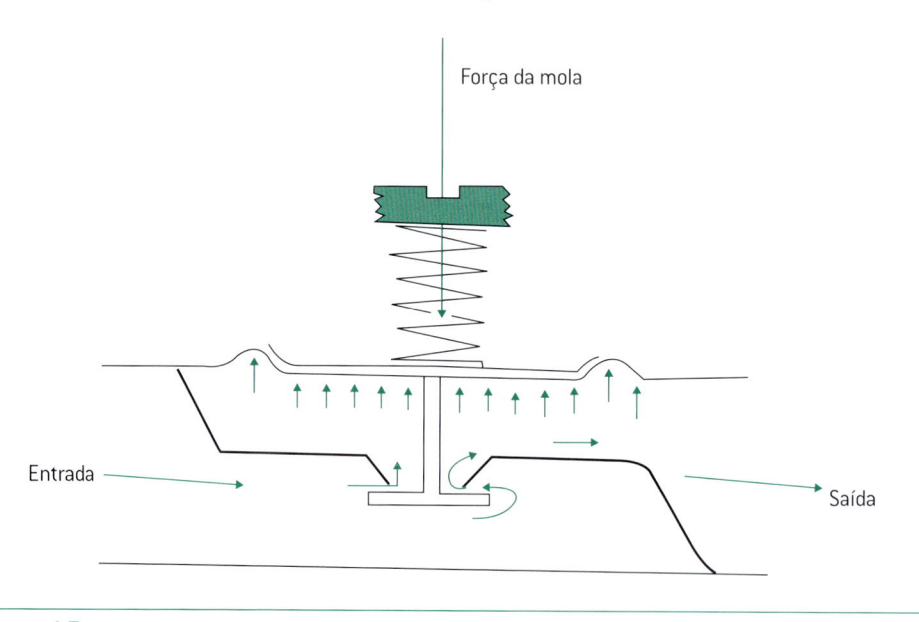

Figura 4.7   Esquema didático da ação do diafragma de um regulador de pressão de gás

A mola é, portanto, o elemento que exerce força na parte superior do diafragma. Essa força, em equilíbrio com a pressão de saída, posiciona o assento. A Figura 4.8 ilustra a ação da mola em questão. Nela, podemos observar que a mola (a) corresponde a uma altura de 25 cm. Se colocarmos sobre a mola um peso de 200 gramas (b), ela ficará com 23 cm de altura. Se colocarmos um peso de 500 gramas (c), ela ficará com 20 cm de altura. Nos casos "b" e "c", a mola está exercendo urna força de 200 e 500 gramas, sucessivamente. No regulador o mesmo acontece. Em vez do peso temos uma porca que comprime a mola sobre a superfície superior do diafragma. Essa porca á chamada de porca de carregamento.

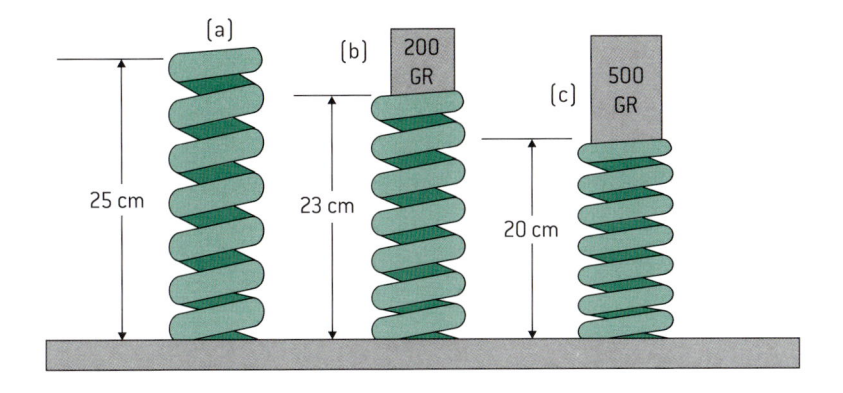

Figura 4.8 Esquema didático da ação da mola de um regulador de pressão de gás

Para compreendermos o funcionamento do regulador, partimos do princípio de que há uma pressão de entrada, uma válvula antes do regulador e nenhuma pressão de saída (Figura 4.9). Ao ajustarmos a mola para uma pressão desejada, o diafragma se desloca totalmente para baixo, deixando completamente aberto o orifício de restrição. Se abrirmos a válvula, o fluxo de gás entrará no regulador, mas sairá pelo orifício de restrição e formará uma pressão de saída. Esta pressão, inicialmente elevada, atuará na parte inferior do diafragma, agindo contra a ação da mola. O orifício de restrição tenderá a fechar, até o ponto em que a pressão se estabilize no valor desejado, ou seja, até o ponto em que a pressão de saída, na parte inferior do diafragma, se equilibre com a força da mola, aplicada na parte superior do diafragma.

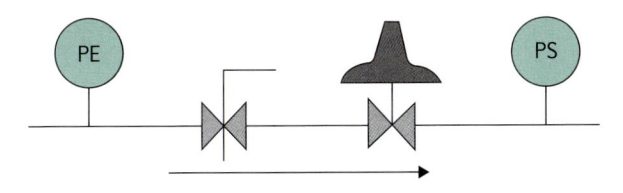

Figura 4.9 Esquema didático do funcionamento do regulador

Um aumento na pressão de saída forçará o diafragma para cima, fechando mais o orifício. Dessa forma, passará menos gás e a pressão diminuirá até o limite desejado.

Uma diminuição na pressão de saída fará com que a mola force o diafragma para baixo, abrindo mais o orifício. Dessa forma, passará mais gás e a pressão aumentará até o limite desejado.

Por outro lado, se houver um aumento de pressão de entrada, maior quantidade de gás passará pelo orifício, aumentando a pressão de saída. Esta atuará no diafragma, fechando o orifício até o ponto desejado. Se houver uma queda na pressão de entrada, menos gás passará para a válvula. A pressão de saída cairá e a força da mola fará abrir o orifício, aumentando o fluxo (vazão) de gás e restabelecendo o equilíbrio.

4.5   Reguladores pilotados

Na subseção anterior foram abordados os reguladores de ação direta nos quais a pressão é aplicada diretamente no atuador, sem nenhum componente intermediário. Esses reguladores apresentam algum tipo de imprecisão no controle devida ao desvio existente entre a pressão controlada e o ponto de ajuste, provocado basicamente pelo efeito combinado da mola e do diafragma. Existe outra categoria de reguladores, denominada de reguladores pilotados, que é usada em aplicações que exijam faixas de ajuste da pressão de saída[2] menores (maior precisão no ajuste).

O regulador pilotado utiliza, além do regulador inerente à aplicação propriamente dita, um regulador de carga, doravante denominado de piloto, cuja função é de melhorar a precisão do controle da pressão regulada (Figura 4.10).

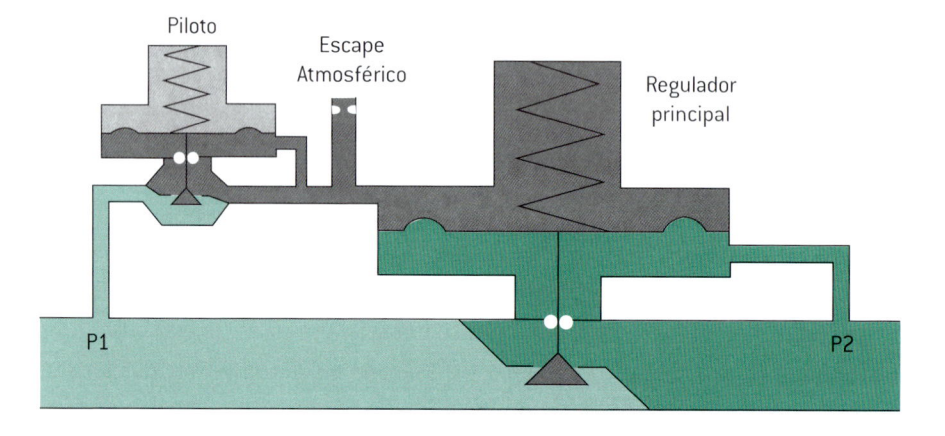

Figura 4.10   Esquema didático do funcionamento do regulador pilotado (regulador pilotado com escape atmosférico)

FONTE: Emerson Process Management [3].

4.5.1   Funcionamento do regulador pilotado

Conforme se pode visualizar na Figura 4.10, o ajuste dessa modalidade de regulador é realizado pela mola do regulador piloto e não do principal. A alimentação (pressão de carga) é obtida por meio da utilização da própria pressão a montante do regulador. Para o tipo de regulador pilotado ilustrado, existe um escape (*bleed*) constante da pressão de carga para a atmosfera. Quando a vazão começa a aumentar, a pressão a jusante do regulador começa a diminuir e ao diminuir P2, a pressão de carga desloca o diafragma para baixo e o abre para compensar essa maior demanda. Ao empurrar o diafragma do regulador principal para baixo, o volume ocupado pela pressão de carga aumenta. O piloto "percebe" esse fato como uma diminuição da pressão no seu próprio diafragma, reagindo com a abertura de

---

[2]   Faixa dentro da qual é possível regular a pressão de saída desde um valor mínimo a um máximo especificado.

sua passagem, permitindo que a pressão de carga se restabeleça no seu ponto de ajuste e abrindo ainda um pouco mais o regulador principal.

Na situação oposta (aumento da pressão a jusante), o volume ocupado pela pressão de carga é menor (aumenta a pressão de carga), sendo esse excesso de pressão aliviado para a atmosfera.

Como pode ser percebido, nessa configuração de regulador a pressão da carga varia muito pouco com o deslocamento do conjunto disco/diafragma, ao contrário do que ocorre com o regulador auto-operado. Dessa forma, diminui consideravelmente a imprecisão no controle devida aos desvios provocados pelos efeitos da mola e do diafragma. No que tange ao primeiro, ao se aplicar uma pressão de carga ao diafragma, pode-se utilizar uma mola de constante bastante pequena, melhorando a precisão de ajuste de pressão. O desvio de controle de pressão causado pelo diafragma também é minimizado por causa do fato de o diafragma estar submetido a pressão em ambas as suas faces, o que faz com que, nele, praticamente não ocorram deformações.

Os reguladores pilotados, quando comparados com os do tipo auto-operados, apresentam maior precisão (menor desvio em relação ao ponto de ajuste – ver Figura 4.11) maiores capacidades de vazão, e maiores quantidades de faixas de pressão controladas, exigindo uma menor quantidade de tipos de corpos. Em contrapartida, possuem custo maior do que os reguladores auto-operados, por terem maior quantidade de componentes.

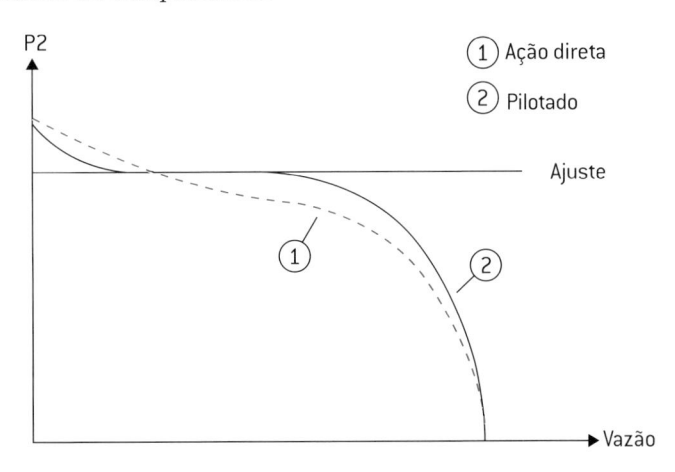

Figura 4.11 Desempenho comparativo típico entre o regulador de ação direta e o regulador pilotado

FONTE: Emerson Process Management [3] (P2 – pressão ajustada).

O regulador pilotado descrito aqui é do tipo pilotado com escape atmosférico. Existem outras modalidades de reguladores pilotados, tais como o regulador pilotado com escape a jusante (*downstream bleed*) – que elimina os inconvenientes do escape atmosférico –, os reguladores com controle em dois estágios (*to-path control*) etc.

4.6   Válvulas de alívio e de segurança

Segundo a NBR 15600 [4], válvula de segurança é um dispositivo automático de alívio de pressão caracterizado pela total e imediata abertura (*pop action*), enquanto válvula de alívio é um equipamento similar à válvula de segurança, porém de ação de abertura relacionada com o acréscimo da pressão aplicada. Existe também a válvula de alívio e de segurança que é um dispositivo automático de alívio de pressão, adequado para uso tanto como válvula de segurança, quanto como válvula de alívio, dependendo da sua aplicação.

4.6.1   Válvula tipo *pop-relief* ou *token-relief*

Segundo a Emerson Process Management [5], essa válvula utiliza uma mola (pré-ajustada na fábrica) para manter o disco comprimido contra um orifício. Quando a pressão a montante, aplicada contra o disco, excede a força gerada pela mola, a válvula abre, gerando um ruído característico. Cabe citar que a válvula somente atingirá a posição totalmente aberta quando a acumulação for suficiente para tal. Entre as suas características principais, destacam-se a simplicidade de construção e baixo custo. Como desvantagens, essas válvulas apresentam ação "tudo ou nada" (*on-off*), podendo entrar em regime de ciclagem, induzindo surtos de pressão no sistema e o fato de o ponto de ajuste não ser muito preciso (ver Figura 4.12).

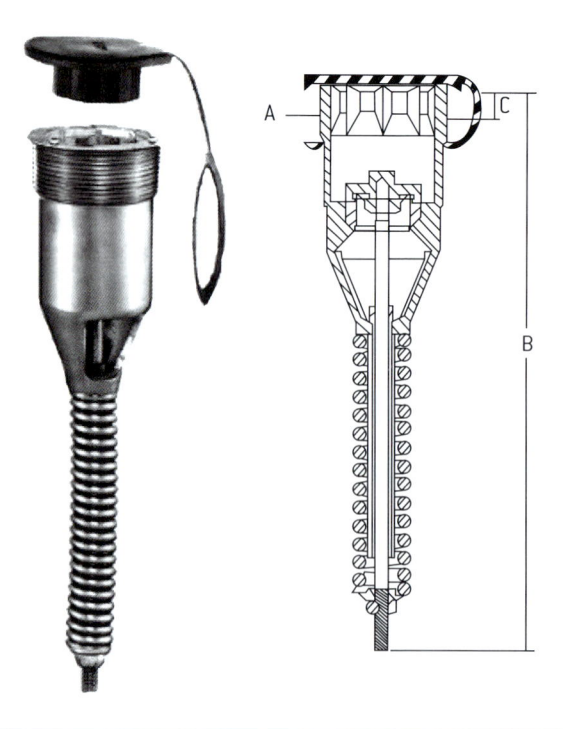

Figura 4.12   Válvula tipo *pop-relief*

FONTE: Adceng [6].

4.6.2 Válvula de alívio com pressão de abertura fixa

Essa válvula (Figura 4.13) possui pressão de alívio pré-ajustada e travada pelo fabricante e se assemelha, construtivamente, a uma válvula redutora de pressão de ação direta, com exceção da tomada de pressão que é feita a montante. Quando a pressão a montante, registrada sob o diafragma, excede o ponto de ajuste determinado pela compressão da mola, o conjunto disco/diafragma move-se para cima, iniciando-se o processo de abertura desse dispositivo. À medida que a acumulação aumenta, a válvula se abre proporcionalmente, permitindo uma maior capacidade de vazão. A fim de minimizar-se o efeito da acumulação nesse tipo de válvula, é possível a utilização de um tubo de Pitot. Quando o conjunto do diafragma se move para cima, o disco se afasta do orifício, permitindo que o gás seja aliviado para a atmosfera. O tubo de Pitot passa a registrar a pressão na *vena contracta* (ou próximo a ela) formada logo após o orifício e sendo a pressão estática menor que a atmosférica, uma pressão negativa ou "vácuo" é registrada sobre o diafragma, o qual é literalmente "puxado" para cima, abrindo a válvula mais do que o faria sem esse dispositivo construtivo. Ao normalizar-se a condição de sobrepressão, o regulador para na posição fechada. O resultado é uma maior vazão para um mesmo acúmulo de pressão, ou seja, a válvula com o tubo de Pitot é mais precisa.

Entre as suas características principais destacam-se a simplicidade construtiva e o baixo custo. Como inconvenientes, há a capacidade de vazão limitada e a possibilidade de alguma variação do seu ponto de ajuste.

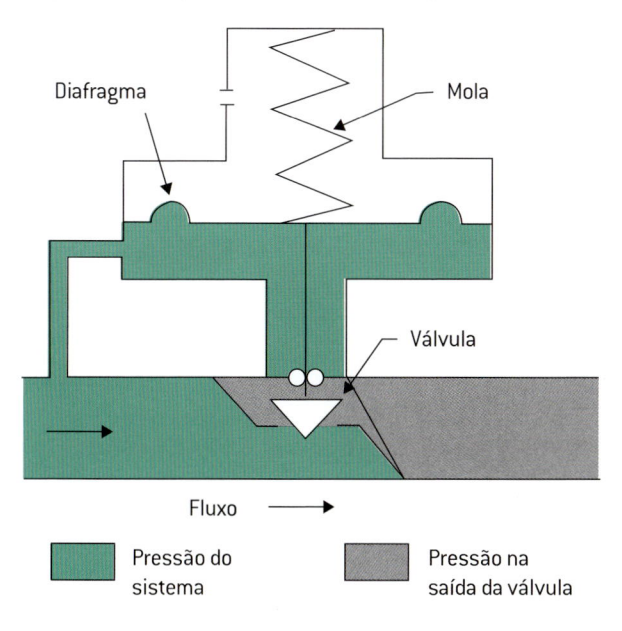

Figura 4.13 Válvula de alívio com pressão de abertura fixa

FONTE: Emerson Process Management [3].

4.6.3 Válvula de alívio pilotada

Conforme abordado na Seção 4.5, ao adicionar-se um piloto a um regulador de ação direta, passa a ser utilizada, na válvula principal, uma mola de constante menor e diminui-se a deformação do diafragma, minimizando-se o desvio devido ao efeito combinado desses dois elementos. Tal princípio também é aplicável a uma válvula de alívio, ressaltando-se que, essa forma construtiva visa à redução da acumulação necessária para a total abertura da válvula. Na Figura 4.14 é mostrada, em forma esquemática, uma válvula de alívio pilotada, notando-se, também, que a exaustão do piloto se processa para a atmosfera. Enquanto a pressão a montante for menor que o ponto de ajuste, determinado pela compressão da mola do piloto, a válvula de alívio se mantém fechada. Ao ocorrer um aumento da pressão, acima do ponto de ajuste, o piloto se abre, e abre a pressão de carga para a atmosfera, e permite uma maior abertura da válvula principal. Ao normalizar-se a situação de sobrepressão, o piloto se fecha, a pressão de carga é reposta, e a válvula principal se fecha.

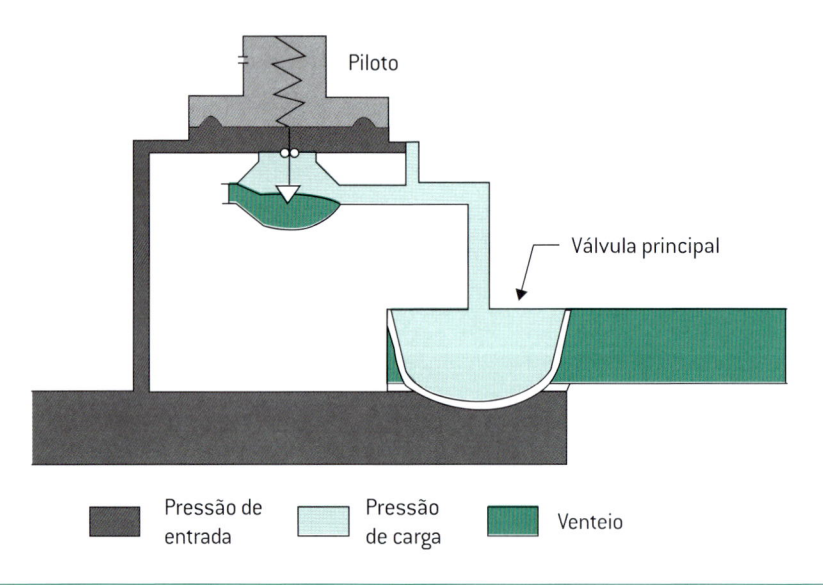

Figura 4.14   Válvula de alívio pilotada

FONTE: Emerson Process Management [3].

4.7   Válvula de bloqueio automático

Basicamente, válvulas de bloqueio automático (*shut-off*) são dispositivos de segurança projetados para interromper o fluxo de gás quando a pressão de operação da instalação alcançar valores superiores e/ou inferiores aos previamente ajustados para sua atuação. Elas permanecem na posição aberta enquanto a instalação estiver com sua pressão dentro dos limites normais de operação. Uma vez acionadas (por elevação ou queda de pressão), permanecem fechadas, garantindo a integridade da instalação. Essas válvulas somente podem ser rearmadas (reabertas) após a normalização da pressão operacional da instalação. Elas se constituem no principal dispositivo de segurança na proteção de sistemas de distribuição e medição de gás natural e são aplicáveis para a proteção de sistemas de regulagem de pressão em instalações industriais e comerciais.

A Figura 4.15 ilustra uma válvula de bloqueio automático por sobrepressão. O seu fechamento ocorre por meio do aumento de pressão na câmara inferior do atuador. Uma tubulação de impulso faz a transmissão da pressão de operação do sistema até a câmara inferior do atuador da válvula. Por meio do parafuso de regulagem do atuador, consegue-se ajustar a pressão de atuação (*set point*) da válvula. Quando a pressão de operação do sistema atinge o valor ajuste do (*set point*), ocorre um desequilíbrio de forças no atuador, promovendo o deslocamento do diafragma e, consequentemente, o desacoplamento, no sentido de comprimir a mola de regulagem do atuador do sistema que mantém a portinhola (obturador) na posição aberta. Dessa forma, a portinhola desloca-se contra a sede da válvula interrompendo o fluxo de gás. A própria pressão de operação do sistema auxilia no fechamento da portinhola na manutenção da estanqueidade do conjunto portinhola e sede. Para rearmar (abrir) a portinhola é necessário abrir a válvula de equalização, a qual irá garantir que as pressões a montante e a jusante da portinhola sejam iguais.

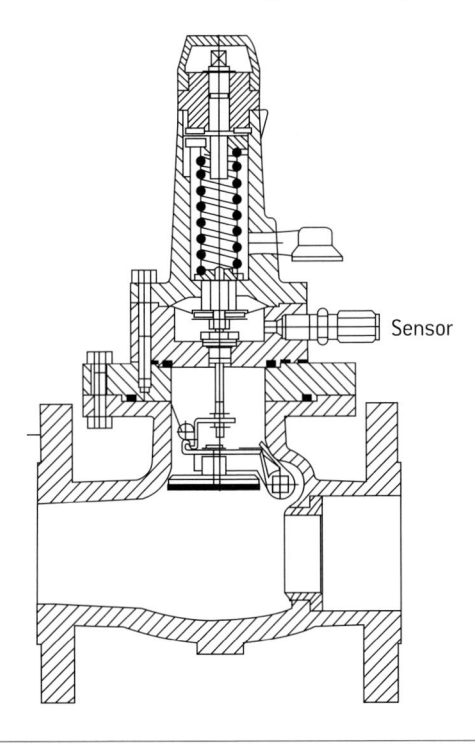

Figura 4.15   Válvula de bloqueio por sobrepressão

FONTE: Gascat [7].

4.8 Conjuntos de regulagem e/ou conjuntos de regulagem e medição de gás

Correspondem a conjuntos de equipamentos, montados de maneira a possibilitar a retirada de possíveis impurezas sólidas do gás, reduzir e controlar a pressão do gás, medir o consumo de gás do consumidor em um determinado período (quando for o caso, como, por exemplo, a medição para transferência de custódia por parte da concessionária) e assegurar a proteção contra a sobrepressão da instalação de gás a sua jusante (ver Capítulo 8, Seção 8.4).

A Figura 4.16 ilustra um conjunto de medição e regulagem de gás tipicamente utilizado pelas concessionárias de gás canalizado.

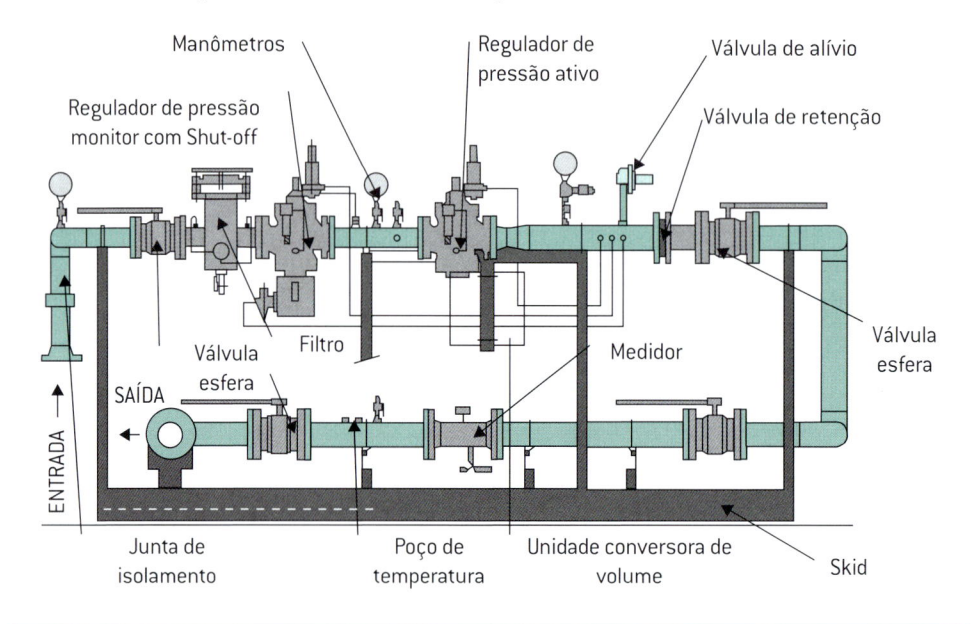

Figura 4.16 Estação de gás

Os conjuntos de regulagem e medição de gás podem ou não ser alocados em um abrigo e os seus componentes típicos são:

- junta de isolamento elétrico (entrada e saída);
- válvula de bloqueio (tipo esfera);
- filtro;
- válvula de bloqueio automático por sobrepressão (*shut-off*);
- regulador de pressão;
- válvula de alívio;
- válvula de retenção;
- instrumentação (manômetros e válvulas);
- medidor;
- unidade conversora de volume de gás.

4.9 Referências bibliográficas

[1] DUS, Pedro. Guia para condicionamento de gás natural em estações de regulagem de pressão e medição de volume. São Paulo: GTS Thielmann do Brasil Ltda., 2002.

[2] ASSOCIAÇÃO BRASILEIRA DE NORMAS TÉCNICAS – ABNT. NBR 15590 – Regulador de pressão para gases combustíveis. Rio de Janeiro, jul. 2008. 28 p.

[3] EMERSON PROCESS MANAGEMENT. Technical monograph 27 – Fundamentals of gas pressure regulation. Disponível em: <http://www.emersonprocess.com/home>. Acesso em: 25 jan. 2010. 14 p.

[4] ASSOCIAÇÃO BRASILEIRA DE NORMAS TÉCNICAS – ABNT. NBR 15600 – Estação de armazenagem e descompressão de gás natural comprimido – Projeto, construção e operação. Rio de Janeiro, jan. 2010. 46 p.

[5] EMERSON PROCESS MANAGEMENT. Principles of Relief Valves. Disponível em: <http://www.emersonprocess.com/home>. Acesso em: 25 jan. 2010. 14 p.

[6] ADCENG. Rego "Pop Action" Pressure Relief Valves. Disponível em: <http://www.adceng.co.za>. Acesso em: 09 fev. 2010.

[7] GASCAT. Válvulas de bloqueio automatico "shut-off". Disponível em: <www.gascat.com.br>. Acesso em: 09 fev. 2010.

5 Redes internas de gás natural e equipamentos térmicos

5.1 Introdução

Este capítulo aborda o projeto e a execução das redes internas do gás natural, os sistemas de combustão e os equipamentos térmicos na indústria e no grande comércio.

No que se refere ao primeiro tema, a abordagem difere da indústria para o grande comércio, em virtude de diferentes parâmetros de projeto, tais como as pressões de trabalho, os arranjos físicos, os riscos envolvidos etc. Os conceitos de segurança que serão abordados no Capítulo 8, tais como análise de riscos, classificação de áreas, segurança contra sobrepressões etc., aplicam-se, em princípio, a ambos os casos. As instalações do grande comércio, dependendo do projeto em questão, possuem pontos em comum com as instalações residenciais. A base normativa e regulatória para as duas situações também é distinta. Para as instalações internas industriais cujas pressões de operação não excedam a 400 kPa (4 kgf/cm^2), aplica-se a NBR 15358 [1]. Já para instalações comerciais, aplica-se a NBR 15526 [2] (para pressões de até 150 kPa ou 1,54 kgf/cm^2) e também os regulamentos de instalações prediais locais (no caso da área de concessão da Comgás o RIP [3]).

No que tange a sistemas de combustão e equipamentos térmicos, esses temas são complementados pelo tópico segurança na combustão do gás natural abordado em 8.5.

5.2 Redes internas do gás natural

Segundo a NBR 15358 [1], uma rede de distribuição interna de uma indústria se constitui em um conjunto de tubulações, medidores, reguladores e válvulas, com os necessários complementos, destinados à condução e ao uso do gás, compreendido entre o limite de propriedade até os pontos de utilização. O projeto, a execução, os testes, o comissionamento etc., da rede, devem ser realizados por profissionais qualificados.

As tubulações podem ser de aço carbono, polietileno ou cobre, sendo os primeiros os mais usados por causa de sua resistência mecânica. Os tubos de aço, de acordo com os fabricantes, se classificam conforme a sua utilização, o que leva a variações nas espessuras de suas paredes. Normalmente, admite-se ligação de tubos por meio de roscas até o diâmetro máximo de 50 mm. A ligação de tubos de diâmetro superior deverá ser feita por meio de soldagem. As tubulações de aço podem ser construídas enterradas, aéreas e em canaletas (as duas últimas modalidades são mais usadas nas indústrias). As Figuras 5.1 e 5.2 ilustram uma rede interna de distribuição de gás natural em uma indústria e em um grande comércio respectivamente.

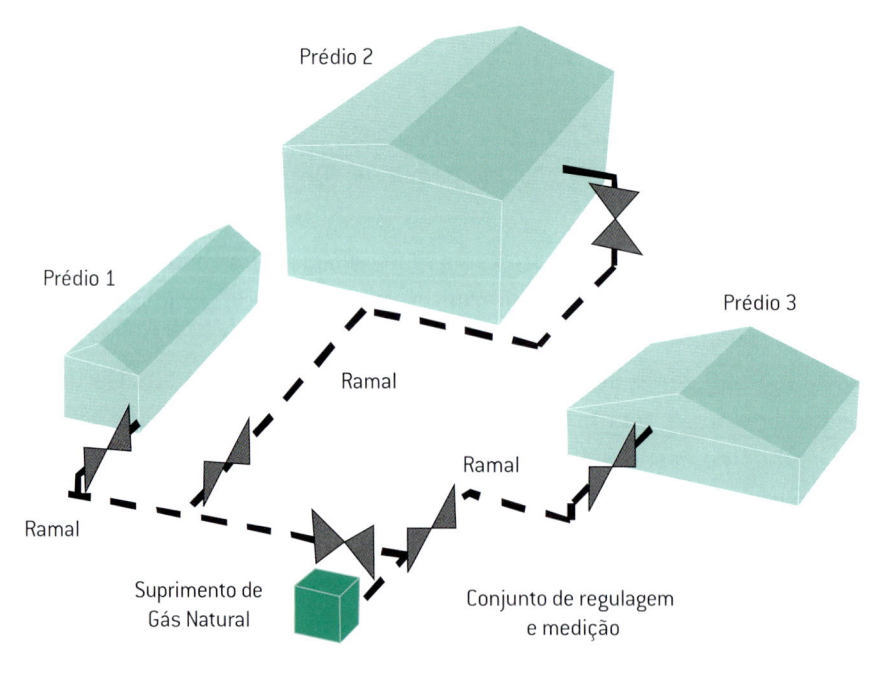

Figura 5.1   *Layout* de uma rede de distribuição interna de gás natural em uma indústria

FONTE: Autores.

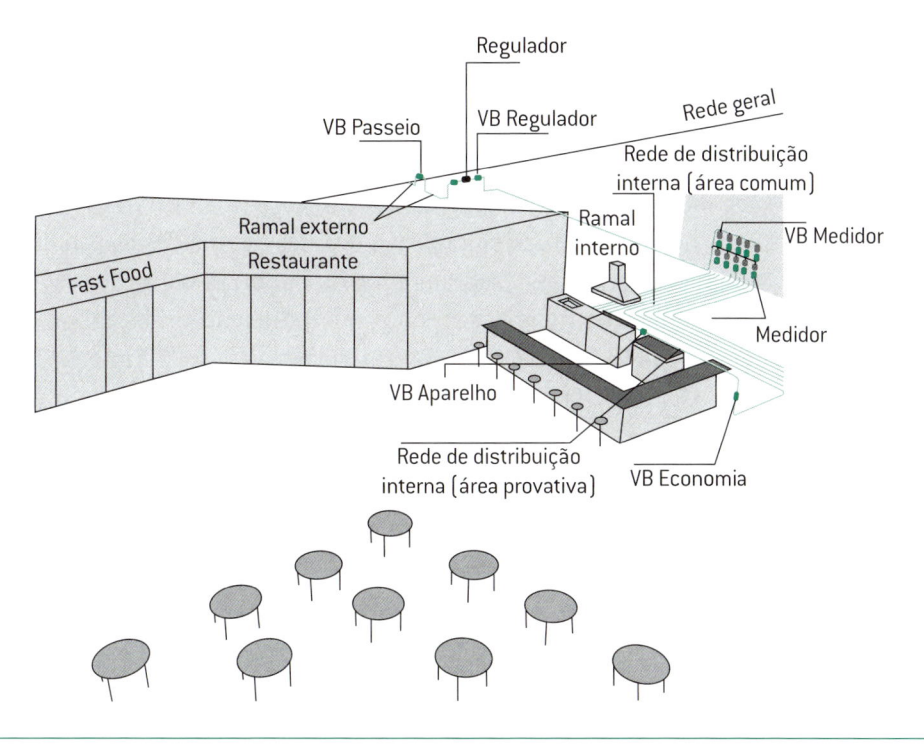

Figura 5.2 *Layout* de uma rede de distribuição interna de gás natural em um grande comércio

FONTE: RIP Comgás (2009).

5.2.1 Diretrizes para projeto e traçado das redes de distribuição interna de gás natural

A seguir, são resumidas as etapas para elaboração de projetos de traçados de redes de distrubuição interna de gás natural.

5.2.1.1 Diretrizes gerais

As considerações apresentadas a seguir são úteis quando do projeto de uma rede de gás natural, complementando o que é disposto pelas normas aplicáveis.

- A escolha dos materiais, equipamentos e dispositivos, tubos e conexões, elementos para interligações, válvulas de bloqueio etc., da rede de distribuição de gás natural, deve ser feita em conformidade com a NBR 15358 [1] e NBR 15526 [2].

- Deve-se levar em conta a presença, nos trajetos das redes, de fontes de ignição, de energia elétrica (especialmente altas tensões), de descidas de para-raios (e nesse aspecto deve ser incluída a preocupação com a necessidade de aterramento da rede interna de gás), de fontes de choques mecânicos (por exemplo, colisão com veículos), de fontes de calor que induzam à dilatação da massa metálica das tubulações, de ambientes agressivos/corrosivos ou que apresentem poeira em quantidades significativas, de sobrepeso (especialmente tubulações enterradas em áreas de tráfego de veículos), de vibrações mecânicas induzidas às tubulações de gás, da segurança dos escoramentos ou suportes da rede de gás, de presença de pontos de confinamento ou ventilação precária, os quais devem ser evitados, de barreiras ou restrições ao acesso/inspeção, além de outros aspectos específicos de cada instalação.

- Para o caso de não se poder evitar o traçado paralelo entre a tubulação de distribuição interna de gás e a rede elétrica, recomenda-se que a tubulação fique à mesma cota. Caso a tubulação de distribuição interna de gás fique abaixo da rede elétrica, deverá ser instalado anteparo de material não combustível entre ambas.

- As tubulações devem estar protegidas convenientemente contra a corrosão, levando-se em conta o meio em que estão instaladas, o material da própria tubulação e os contatos com os suportes.

- O traçado das tubulações por forro falso, poço ou local não ventilado deve ser evitado; no caso de ser imprescindível, o projeto conterá as orientações específicas.

- Recomenda-se, também, que toda a rede de gás esteja aterrada, preferencialmente conectada à malha de aterramento da planta. As tubulações aparentes devem ter um afastamento de no mínimo 2 m de para-raios e seus respectivos pontos de aterramento ou conforme a NBR 5419 [4].

5.2.1.2 Posicionamento de válvulas

As prescrições abaixo são recomendadas para o correto posicionamento das válvulas.

- É recomendável que as redes internas disponham de um bloqueio geral por válvula esfera, para o caso de ser necessário interromper o suprimento de gás, por motivo de manutenção da rede ou dos equipamentos, ou por emergência. A presença desse bloqueio permite agir independentemente da concessionária do gás natural.

- Deve ser considerada a necessidade ou a propriedade de instalar bloqueios setoriais nas linhas de gás natural para os seus equipamentos. A sua função é a de prever a possibilidade de se bloquear seletivamente o gás natural para esse ou aquele equipamento/aparelho ou setor, sem a necessidade de parar a planta como um todo, provendo as plantas de flexibilidade operacional e de manutenção.

- É relevante que se considere também a acessibilidade, o estado de conservação e a operabilidade das válvulas de bloqueio, dos sistemas de combustão ou de outros equipamentos instalados em sua rede interna de gás, principalmente aqueles previstos para situações de emergência.
- Onde forem instaladas válvulas de bloqueio, geral ou setorial, nas redes de gás natural, é importante que sejam instaladas picagens (*tie-ins*) valvuladas de purga, com diâmetro de pelo menos 1 polegada, a montante e a jusante de tais bloqueios. Essas picagens (*tie-ins*), em condições normais, permanecerão "plugueadas", porém serão úteis no comissionamento e descomissionamento de linhas de gás, quando é necessário injetar nitrogênio de um lado da linha e purgar pelo outro. Esse procedimento, inclusive, fará parte do teste de estanqueidade e purga da rede de gás natural e a localização de tais pontos de purga deverá ser detalhada com a empresa responsável pelo teste. De acordo com NBR 12313 [5], é obrigatória (entre outros acessórios) a instalação de uma válvula manual de bloqueio a montante do sistema de combustão. Essa válvula deverá ser provida de ponto de purga a montante, conforme descrito anteriormente;
- As válvulas de dreno não são requeridas em linhas de gás natural, a sua presença não é igualmente vetada. Entretanto, essa consideração é importante, por exemplo, ao contemplar a necessidade de teste hidrostático na montagem.

5.2.1.3 *Travessias de parede, laje e piso*

As travessias de parede ou laje deverão ser efetuadas segundo a Figura 5.3, evitando-se sempre o contato entre o tubo e o tubo luva.

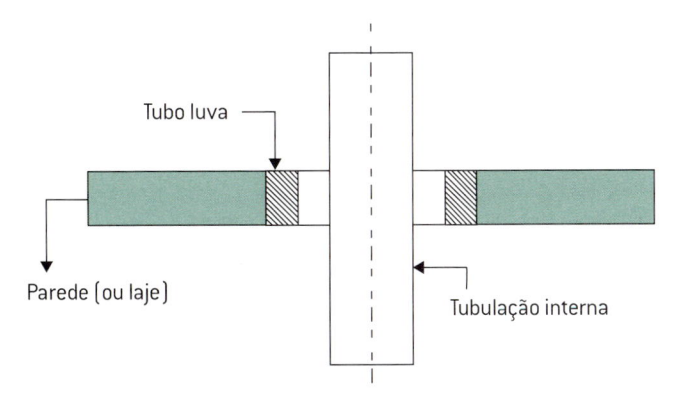

Figura 5.3 Tubo luva

No caso de travessia de piso, a tubulação deverá manter a proteção anticorrosiva até 500 mm além do ponto de afloramento, conforme Figura 5.4.

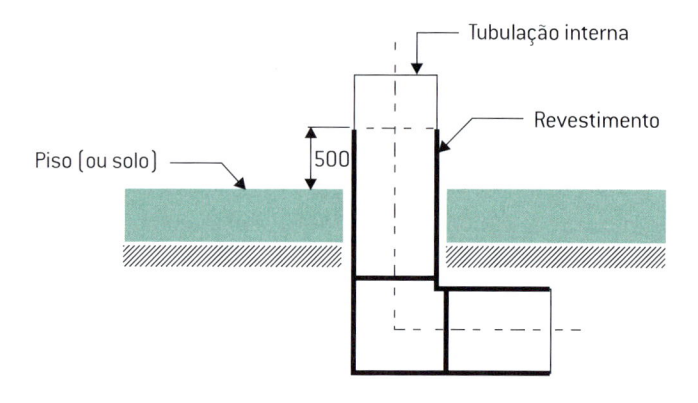

Figura 5.4   Travessia de tubo de gás em piso

5.2.1.4 Afastamentos das tubulações

A Tabela 5.1 apresenta os afastamentos das tubulações preconizados pelas normas vigentes

Tabela 5.1   Afastamento de tubulações

Tipo	Redes em paralelo[a]	Cruzamento de redes[b]
Sistemas elétricos de até 440 V isolados em eletrodutos não metálicos	30 mm	10 mm (com isolante)
Sistemas elétricos de até 440 V isolados em eletrodutos metálicos ou sem eletroduto	50 mm	c
Sistemas elétricos de 440 V a 12.000 V	1 m	1 m
Sistemas elétricos de mais que 12.000 V	5 m	5 m
Tubulação de água quente e fria	30 mm	10 mm
Tubulação de vapor	50 mm	10 mm
Chaminés	50 mm	50 mm
Tubulação de gás	10 mm	10 mm
Outras tubulações (águas pluviais, esgoto)	50 mm	10 mm

FONTES: NBR 15358 [1] e NBR 15526 [2].

NOTAS EXPLICATIVAS:
[a] Cabos telefônicos de tevê e telecontrole não são considerados sistemas de potência.
[b] Considerar um afastamento suficiente para permitir a manutenção.
[c] Nestes casos, a instalação elétrica deve ser protegida por eletroduto a uma distância de 500 mm para cada lado e atender à recomendação para sistemas elétricos de potência em eletrodutos em cruzamento.

5.2.2 Documentação de uma rede de distribuição interna de gás natural

De acordo com as normas anteriormente aludidas, recomenda-se a seguinte documentação:

- projeto e memorial de cálculo, incluindo isométrico da rede, identificação dos materiais, diâmetro e comprimento da tubulação, tipo e localização de válvulas e acessórios etc.;

- atualização do projeto conforme construído (*as built*);
- laudo do ensaio de estanqueidade;
- registro de liberação da rede para utilização em carga;
- anotação da responsabilidade técnica (ART) de elaboração do projeto, da execução da instalação e do ensaio de estanqueidade.

5.2.3 Modalidades de redes internas de gás natural

Preferencialmente, a tubulação deve ser aérea, entretanto, em casos particulares, como, por exemplo, travessia de ruas internas ou jardins, pode ser necessário que a tubulação seja assentada abaixo do nível do solo. Instalações desse tipo são efetuadas enterrando-se a tubulação ou confinando-a em uma canaleta. Qualquer que seja a solução adotada é necessário que haja sinalização visível indicando a existência da tubulação de gás abaixo do nível do solo, bem como, no caso de tubulação enterrada, a sua profundidade. As Normas NBR 15358 [1] e NBR 15526 [2] fornecem diretrizes para o traçado das redes internas de gás natural nas indústrias e grande comércio, e devem ser obrigatoriamente consultadas por ocasião do projeto e da execução dessas redes. A seguir, são destacadas algumas das considerações desses documentos e apresentadas algumas informações adicionais.

5.2.3.1 *Redes internas de gás natural aéreas*

A rede aérea deve ser pintada com tinta que suporte as características do ambiente do local da instalação. Essa rede deve ser identificada por meio de pintura da tubulação na cor amarela (código *5Y8112* do código Munsel ou 11 0 Pantone). Válvulas, reguladores e demais acessórios podem estar na sua cor natural ou na mesma cor da tubulação.

Para instalações do grande comércio que se enquadram no escopo da NBR 15526 [2], essa indentificação possui as seguintes ressalvas:

- Em virtude da necessidade de harmonia arquitetônica, a tubulação pode ser pintada na cor da fachada e, nesse caso, a tubulação ou os suportes de fixação devem ser identificados com a palavra "GÁS", no máximo a cada 10 m ou em cada trecho aparente, o que ocorrer primeiro.
- Em garagens e áreas comuns de edifícios, a tubulação deve ser pintada na cor amarela e a tubulação ou os suportes de fixação devem ser identificados com a palavra "GÁS", no máximo a cada 10 m ou em cada trecho aparente.

As tubulações aéreas devem ser sempre suportadas. Os suportes da tubulação são dispositivos destinados a suportar os pesos e demais esforços exercidos pela tubulação, ou sobre ela, transmitindo esses esforços diretamente ao solo ou às estruturas vizinhas. A Tabela 5.2 informa as distâncias máximas recomendadas entre suportes para trechos retos e sem acidentes, em função do diâmetro do tubo.

Tabela 5.2   Distâncias máximas entre suportes de tubos de aço

Peso do tubo em kg/metro linear	Distâncias máximas entre suportes [m]
2,19	3
3,23	3
5,40	4
5,44	4
11,29	5
16,08	6
28,27	7
42,54	8
60,32	9
73,84	10

Deve-se ainda observar as seguintes considerações no que tange à localização dos suportes da tubulação:

- Os suportes devem estar localizados, de preferência, nos trechos retos dos tubos, fora das curvas, reduções, derivações e de outros acidentes.
- Deve-se sempre procurar localizar os suportes próximos a cargas concentradas, como, por exemplo: válvulas, derivações etc.
- Deve-se evitar contato direto tubo/suporte, por causa da possibilidade de ocorrência de corrosão localizada. Recomenda-se, então, que a referida área seja revestida com fita adesiva plástica anticorrosiva, ou mesmo com uma película de borracha.

5.2.3.2   Redes internas de gás natural enterradas

No caso de tubulação enterrada em solo ou em áreas molhadas da edificação, deve-se revesti-la adequadamente com um material que garanta a sua integridade, tal como revestimento asfáltico, revestimento plástico, pintura epóxi, ou realizar um sistema de proteção catódica da rede (esse processo exige os conhecimentos de um especialista). A tubulação da rede de distribuição interna enterrada deve manter um afastamento de outras utilidades, tubulações e estruturas de, no mínimo, 0,30 m, medidos a partir da sua face. A profundidades mínimas exigidas para tubulações, segundo a NBR 15358 [1], são:

- de 0,60 m, a partir da geratriz superior do tubo, em locais sujeitos ao tráfego de veículos;
- de 0,80 m, a partir da geratriz superior do tubo em zonas ajardinadas ou sujeiras a escavações;
- de 0,30 m, a partir da geratriz superior do tubo em locais sem tráfego ou sujeitos a tráfego de pessoas.

No que tange a interferências eletromagnéticas, um ponto importante a destacar é a recomendação da NBR 15358 [1], no sentido de que a tubulação de rede de distribuição interna enterrada, quando metálica, tenha afastamento mínimo de 5 m de entrada de energia elétrica (12.000 V ou superior) e seus elementos (malhas de terra de para-raios, subestações, postes, estruturas etc.). Na impossibilidade de se atender ao afastamento recomendado, devem ser implantadas medidas mitigatórias para garantir a atenuação da interferência eletromagnética geradas por essas malhas sobre a tubulação de gás. As tubulações devem ser assentadas fora da projeção das edificações, ou seja, nas suas áreas externas, e não devem passar por elementos estruturais. Tais tubulações não devem utilizar a mesma vala de redes elétricas e/ou telefones.

As tubulações enterradas não devem ficar sujeitas a possíveis esforços provenientes de construções. As valas para colocação dos tubos devem ter seção retangular, a menos que a consistência do terreno não o permita. A largura da vala deve ser a mínima possível, geralmente bastando medir 30 cm a mais que o diâmetro externo dos tubos. Quando os tubos forem assentados diretamente no solo, o fundo da vala deverá receber uma camada de, no mínimo, 100 mm de terra limpa, bem compactada para servir de base à tubulação (Figura 5.5).

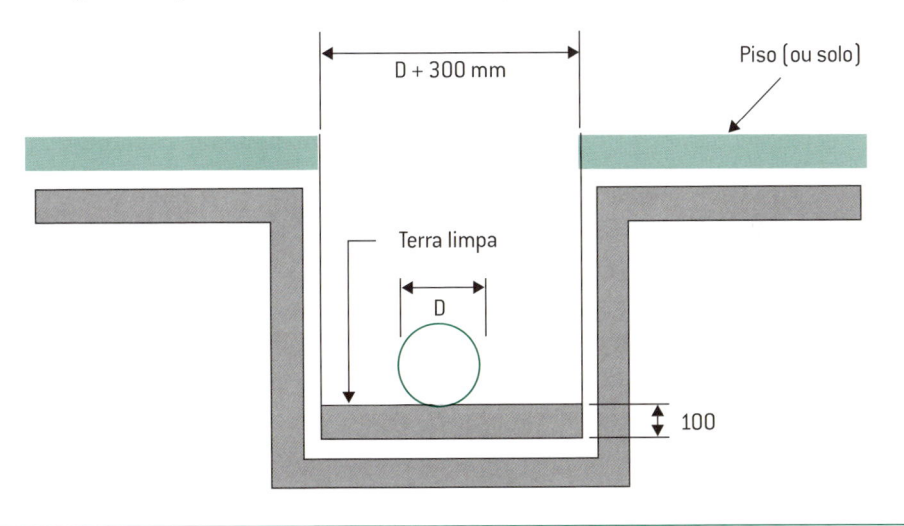

Figura 5.5   Vala para tubulação enterrada

O reaterro da vala, até 200 mm acima da geratriz superior do tubo, deve ser efetuado com material selecionado, isento de pedras ou outros materiais estranhos, e bem compactado ao lado e acima dos tubos. O reaterro da vala deve ser completado com material de densidade aproximadamente igual à do terreno original (Figura 5.6).

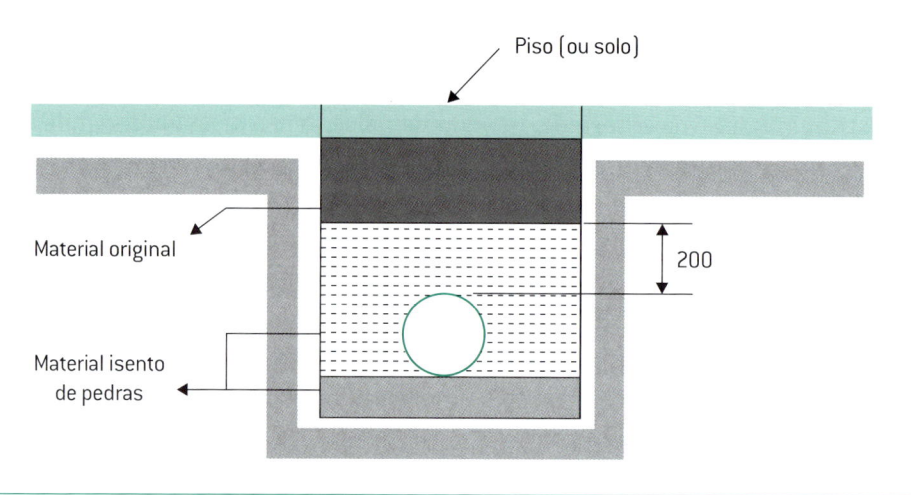

Figura 5.6   Reaterro para vala com tubulação enterrada

O teste de estanqueidade do trecho enterrado deve ser efetuado antes do reaterro da vala e antes da aplicação do revestimento sobre os pontos de ligação.

Nas tubulações de aço enterradas é prudente colocar a proteção catódica, que é uma técnica de combate à corrosão de estruturas metálicas enterradas.

As redes de tubos de polietileno vêm sendo muito usadas ultimamente, em virtude da queda de preço. O polietileno é um material muito fácil para se trabalhar por causa de sua flexibilidade.

As bitolas de até 110 mm são vendidas em "mangueiras" de 100 m, o que acelera a velocidade da obra. Estão disponíveis no mercado dois tipos de tubos: o PE 80 e o PE 100. O PE 80 é utilizado para redes internas de até 2 kgf/cm² e o PE 100 pode ser utilizado para redes internas de até 7 kgf/cm². O tubo PE 80 tem cor amarela e o PE 100 tem cor alaranjada.

Os tubos de polietileno devem ser obrigatoriamente enterrados. No seu afloramento, a superfície é colocada uma transição de PE/aço.

A rede de distribuição interna enterrada deve ser identificada por meio da colocação de fita plástica de advertência a 0,20 m da geratriz superior do tubo e por toda a sua extensão, como segue.

- Tubulação enterrada em área não pavimentada (jardins, outros): fita de sinalização enterrada, colocada acima da tubulação, ou placas de concreto com identificação.
- Tubulação enterrada em área pavimentada (calçadas, pátios, outros): fita de sinalização enterrada, colocada acima da tubulação, ou placas de concreto com identificação.
- Tubulação enterrada em arruamento (ruas definidas, onde trafegam veículos): fita de sinalização enterrada, colocada acima da tubulação, e identificação de superfície (tachão, placa de sinalização, outros).

5.2.3.3 *Redes internas de gás natural dispostas em canaletas*

As redes internas de gás posicionadas em canaletas devem seguir as diretrizes a seguir.

- O dimensionamento da espessura das paredes e do tampo da canaleta deverá ser feito de modo a suportar o tráfego local.
- É vetada a passagem de eletrodutos ou tubulação de condução de fluidos corrosivos pela canaleta que comporta a tubulação de distribuição interna de gás.
- É necessária uma inclinação de, no mínimo, 1% longitudinal e transversalmente para efeito de dreno da água.
- Devem ser previstos, na execução da canaleta ou na sua cobertura, meios que possibilitem ampla ventilação natural dessa canaleta, a fim de se evitar possível acúmulo de gás no seu interior.
- A distância entre as bases de concreto deve respeitar o disposto na Tabela 5.1.
- A tubulação deverá ser protegida externamente contra a corrosão por tratamento da superfície adequado e pintura.
- O teste de estanqueidade do trecho deve ser efetuado antes do fechamento da canaleta.

A Figura 5.7 ilustra uma canaleta e a Tabela 5.3 descreve as suas respectivas dimensões.

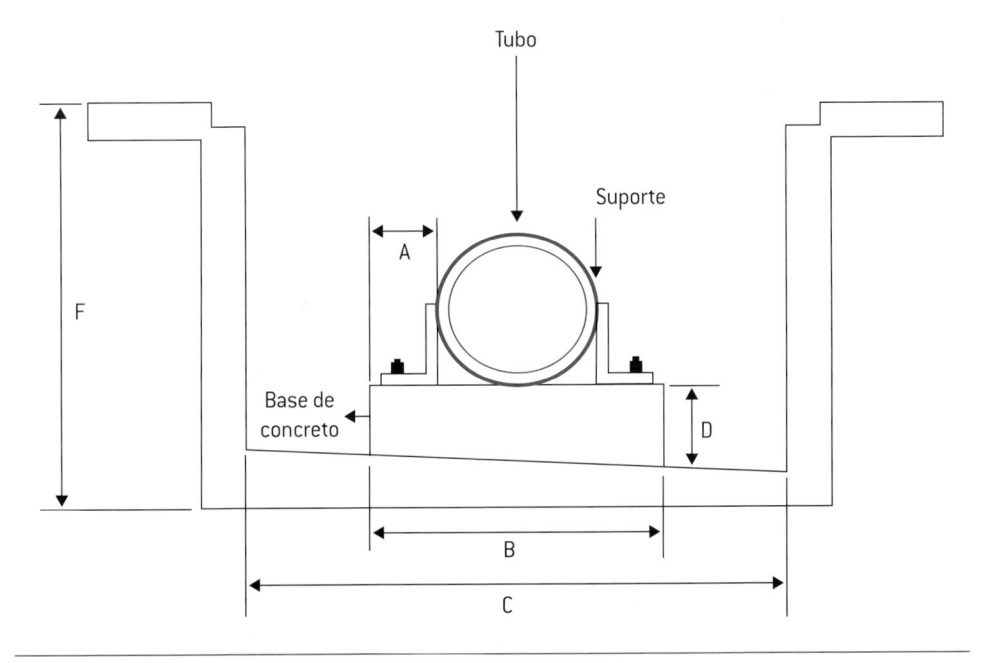

Figura 5.7   Canaleta

Tabela 5.3   Dimensões mínimas da canaleta de concreto

Ø Tubo [mm]	A [mm]	B [mm]	C [mm]	D [mm]	E [mm]	F [mm]
50	60,5	90	190	20	25	140
80	89,0	120	220	20	25	200
100	115,0	145	245	25	30	250
150	168,5	200	300	30	35	360
200	220,0	250	350	40	50	480
250	273,0	310	420	50	70	590

NOTA EXPLICATIVA:
As medidas correspondem à largura da base de concreto.

5.2.3.4 Redes internas de gás natural embutidas em paredes

A tubulação embutida deve ser instalada sem vazios, sendo envolta com revestimento maciço e deve manter afastamentos (além dos preconizados pelos regulamentos e normas aplicáveis – ver Tabela 5.1) que garantam as seguintes condições:

- espaço suficiente para permitir a manutenção;
- espaço suficiente para que não haja propagação de calor;
- espaço suficiente para garantir que não haja contato, evitando-se a transmissão de energia elétrica para o tubo de gás.

5.2.4 Abrigo para os equipamentos de gás da concessionária do Conjunto de Regulagem e Medição (CRM)

A estação de gás ou o abrigo para os equipamentos de gás da concessionária deve se localizar no interior da propriedade do consumidor, o mais próximo possível da divisa do terreno, na direção da entrada do ramal no consumidor e de maneira tal que a distância entre a estação e a rede principal da concessionária seja a menor possível. É recomendável que os equipamentos sejam protegidos por abrigos.

5.2.4.1 Abrigos para consumidores industriais

Neste caso, existe a necessidade de um projeto específico, o qual deve levar em conta não apenas o CRM nele alojado, mas também as condições, tendo em vista os afastamentos requeridos e as exigências relativas à classificação de áreas, como, por exemplo, a área de ventilação (ver Capítulo 8, Seção 8.3).

A seguir, são apresentados alguns aspectos que devem ser levados em conta para a locação e construção dos abrigos nas indústrias:

- dimensões dos equipamentos a serem instalados;
- proximidade de interferências subterrâneas, tanques de armazenagem ou vazios do solo;

- preservação do ambiente e redução de ruído;
- isolamento de edificações habitadas;
- existência de dispositivos de proteção contra o choque quando o local em que a estação de gás for alocada estiver exposto à ação de choque de veículos oriundos da via pública ou interna;
- não estar em locais corrosivos; úmidos, com poeira ou sujeitos a vibração;
- estar em local que permita o estacionamento de viatura da concessionária em suas proximidades;
- caso a estação de gás venha a ser construída em edificação existente, não poderão existir aberturas para outras áreas fechadas contíguas mesmo que não tenham fontes potenciais de vazamento de gás;
- não estar em locais sujeitos a calor de fornos, caldeiras e outros equipamentos;
- não estar em lugares sujeitos a queda de objetos ou equipamentos;
- adequação das instalações elétricas e de instrumentação à classificação da área em questão;
- não se localizar em local sujeito a colisão e manobra de veículos internos, inundações ou a movimentação do solo;
- não estar em locais subterrâneos ou cujo acesso se dê por escadas;
- a localização deve permitir o acesso de funcionário autorizado da concessionária e permitir a instalação, retirada e manutenção dos equipamentos;
- quando possuir válvulas de alívio, essas válvulas deverão ser providas de tubulações de saída com diâmetros de 1', localizadas a alturas mínimas de 3,00 m do solo e com descargas em área aberta;
- dispor de iluminação artificial, salvo nos casos em que, comprovadamente, a iluminação seja dispensável.

5.2.4.2 *Abrigos para consumidores do grande comércio*

O tratamento dado aos abrigos para consumidores do grande comércio tanto pode ser similar aos dos consumidores industriais (possuem projeto específico), como também pode obedecer a dimensões padrão estipuladas pelos regulamentos de instalações prediais das concessionárias, dependendo das vazões e pressões envolvidas. No que tange a sua ventilação, a NBR 15526 estabelece que os abrigos de medidores devem ser ventilados por meio de aberturas para arejamento e consideradas as áreas efetivamente úteis existentes para a ventilação.

A área total das aberturas para ventilação dos abrigos deve ser de, no mínimo, 1/10 da área da planta baixa do compartimento, sendo conveniente prover a máxima ventilação permitida pelo local. Para o caso de abrigos localizados nos andares, em local sem possibilidade de ventilação permanente, deve haver porta que evite vazamento para o ambiente local da instalação e deve haver ventilação conforme uma das seguintes alternativas:

a) por aberturas nas partes superior e inferior no interior do abrigo, comunicando diretamente com o exterior da edificação;

b) por aberturas na parte superior a inferior, conectadas a um duto vertical de ventilação adjacente, comunicando as extremidades diretamente com o exterior da edificação, com a menor das dimensões igual ou superior a 7 cm.

5.2.5 Dimensionamento das redes internas de distribuição de gás natural

O dimensionamento é executado uma vez definidos a posição dos pontos de consumo e do CRM (ou do medidor para instalações de menor vazão), o traçado da tubulação e a pressão interna. É também necessário que se levante o perfil de consumo de gás natural, com relação aos aparelhos a gás a serem utilizados, de forma a se determinar o consumo máximo instantâneo. Para efeito do estabelecimento do consumo máximo instantâneo, devem ser considerados o poder calorífico inferior (PCI) e a eficiência dos aparelhos a gás. Pode ser também considerada uma eventual simultaneidade dos consumos na rede de distribuição interna, bem como uma previsão para aumento de demanda futura. A pressão máxima da rede de distribuição interna deve ser 400 kPa para instalações que se enquadrem no escopo da NBR 15358 [1] ou de 150 kPa para as que se enquadrem no escopo da NBR 15526 [2]. O dimensionamento da tubulação pode ser realizado por qualquer metodologia tecnicamente reconhecida e de modo a atender à pressão e à vazão necessárias para suprir a instalação, levando-se em conta a perda de carga máxima admitida para permitir um perfeito funcionamento dos aparelhos a gás.

Cada trecho de tubulação deve ser dimensionado computando-se a soma das vazões dos aparelhos a gás por ele servido. A tubulação de gás deve ser dimensionada utilizando-se diâmetros decrescentes no sentido do fluxo, até cada ponto de consumo ou sistema interno de redução de pressão (SIRP), considerando a vazão de todos os equipamentos operando à potência máxima e com as seguintes limitações:

- a perda de carga máxima admitida para rede com aparelhos conectados diretamente a ela será de 10% da pressão de operação, devendo ser respeitada a faixa de pressão de funcionamento dos aparelhos a gás previstos nos pontos de utilização;

- a perda de carga máxima admitida para rede que alimenta um regulador de pressão será de 20% da pressão de operação, se a instalação de enquadrar no escopo da NBR 15358 [1], ou 30% para a aplicações inerentes a NBR 15526 [2] (grande comércio), devendo ser respeitada a faixa de pressão de funcionamento do regulador de pressão;

- a velocidade máxima admitida para redes é de 20 m/s. Deve-se apurar a potência computada (C) a ser instalada no trecho considerado, por meio do somatório das potências nominais dos aparelhos/equipamentos a gás por ele supridos.

Existem hoje no mercado programas de dimensionamento que simplificam essa operação, facultando a obtenção dos diâmetros, velocidade e perda de carga de cada trecho, bastando para tal inserir os dados básicos.

5.2.6 Comissionamento

O comissionamento corresponde ao conjunto de procedimentos, ensaios, regulagens e ajustes necessários à colocação de uma rede de distribuição interna em operação. Nesse procedimento deve ser prevista a limpeza da linha, a qual tem por objetivo a eliminação total dos resíduos remanescentes em sua extensão, com ar comprimido ou gás inerte. Segundo as normas NBR 15358 [1] e NBR 15526 [2], o comissionamento engloba aos seguintes passos:

- execução do ensaio de estanqueidade em duas etapas;
- purga do ar com injeção de gás inerte (os produtos da purga devem ser canalizados para o exterior das edificações em local e condição seguros, não se admitindo o despejo desses produtos para o seu interior);
- admissão de gás combustível na rede.

5.2.7 Manutenção das redes internas de gás natural

A manutenção da rede de distribuição interna deve ser realizada sempre que houver necessidade de reparo em alguns de seus componentes, de forma a manter as condições de atendimento aos requisitos estabelecidos pela NBR 15358 [1], para instalações industriais e a NBR 15526 [2], para as comerciais. Antes de qualquer manutenção, deve ser feita a drenagem do gás combustível da rede (descomissionamento), e após a drenagem a rede deve ser recomissionada. A operação com gás natural requer o emprego de normas e procedimentos seguros em todas as etapas envolvidas, seja no projeto, na construção e na manutenção das redes e dos equipamentos utilizadores do gás, na escolha dos materiais apropriados para as tubulações, no uso de procedimentos aprovados e certificados para solda, e também no cuidado no manuseio operacional do próprio gás. É importante lembrar que as redes internas de gás natural trabalham pressurizadas, e que vazamentos ou rupturas de tubos, nessas condições, podem levar a situações de extrema gravidade, visto que o gás natural é um produto inflamável, em contato com o ar, e fonte de ignição.

Um ponto importante relacionado à manutenção das redes internas de gás natural é a recomendação de inspeção periódica das NBR 15358 [1] e da NBR 15526 [2], em períodos máximos estipulados e que tem como objetivo a manutenção das condições de operação e segurança, verificando, no mínimo, se:

- a tubulação e os acessórios encontram-se com acesso desobstruído e devidamente sinalizado;
- as válvulas e dispositivos de regulagem funcionam normalmente;
- os tubos, conexões e interligações com equipamentos e aparelhos não apresentam vazamento;
- as tubulações estão pintadas sem qualquer dano, inclusive com relação aos suportes empregados;
- a identificação está conforme o especificado;
- os dispositivos de controle de pressão usados nas tubulações estão funcionando de forma adequada.

Ainda em complemento ao disposto nas normas aplicáveis, algumas práticas, citadas a seguir, são úteis ao se lidar com uma rede de gás natural.

- As tubulações de gás natural devem ser objeto de constante vigilância. Trechos ou itens corroídos ou em mau estado de conservação devem ser identificados e, se necessário, reparados ou substituídos.
- Caso existam na rede interna segmentos ociosos, não mais utilizáveis em médio prazo, é importante considerar se poderiam ser removidos, em benefício da simplicidade e da segurança.
- Ramais da rede que terminam em roscas ou válvulas devem sempre estar providos da necessária proteção por *plugs* ou flanges cegos, de forma a não permitir vazamentos ou a liberação inadvertida de gás para o meio ambiente.
- A concessionária de gás natural deve ser avisada com antecedência quando da ocorrência de eventos relevantes da rede interna envolvendo o produto, como paradas de planta, instalação de novos equipamentos a gás natural, conversão de equipamentos existentes para operar com o produto ou eliminação de equipamentos existentes consumidores de gás natural. Eventos dessa natureza podem ter impacto na disponibilidade ou na segurança do fornecimento de gás, e a concessionária poderá ter a necessidade de verificar o dimensionamento do seu Conjunto de Regulagem e Medição (CRM), da rede que o alimenta e das redes internas e de alimentação.

5.3   Queimadores/sistemas de combustão

Os sistemas de combustão se constituem no componente principal dos equipamentos térmicos utilizados na indústria e grande comércio. Esse componente é definido, segundo a NBR 12313 [5], como um conjunto composto por queimador, sistema de suprimento de ar de combustão, sistema de suprimento de gás, sistema de detecção de chama, e sistema de controle operacional. Já o queimador propriamente dito, segundo Visani [6], se constitui em um equipamento que deve ter as seguintes funções:

- Fornecer o combustível e o comburente (ar) à câmara de combustão na correta relação ar/combustível requerida pelo processo, fixando adequadamente o posicionamento da chama.
- Misturar adequadamente o combustível e o comburente.
- Dar a ignição à mistura.
- Proporcionar os meios necessários para manter uma ignição contínua da mistura combustível/ar (evitando a extinção da chama), mesmo sem o sistema de ignição inicial.
- Permitir a variação da capacidade de queima.

O principal objetivo a atingir por ocasião de um projeto de um sistema de combustão é o de obter a mais elevada eficiência térmica nos equipamentos, o que implica buscar a operação mais próxima possível da relação estequiométrica (menor excesso de ar), e que assegure níveis mínimos de emissões de poluentes atmosféricos (monóxido de carbono, material particulado etc.). Nesse sentido, o gás natural, em virtude das suas características e composição química, se destaca, quando comparado aos derivados líquidos do petróleo, por possuir elevado potencial para uma operação com baixo excesso de ar. Os queimadores utilizam o conceito do mencionado "triângulo da combustão", para que os reagentes (combustível e comburente), por meio de fenômenos físico-químicos, passem pelo processo da combustão e por suas reações exotérmicas, liberem energia térmica – realizada por processos de transmissão de calor –, que é transferida para outro meio qualquer (geração de vapor, de água quente, fluido térmico, fornos etc.).

5.3.1 Características dos queimadores

A seguir, são apresentadas as principais características dos queimadores.

5.3.1.1 *Faixa operacional*

Uma das principais características dos queimadores é sua faixa operacional, que corresponde à relação que expressa o quociente entre a sua capacidade máxima e mínima de queima, no qual o queimador realiza satisfatoriamente as funções acima citadas.

A capacidade máxima de um queimador é o ponto em que há extinção da chama – caracterizada pela velocidade da mistura combustível/ar ser maior que a velocidade da frente da chama – e a capacidade mínima é caracterizada pelo retrocesso da chama[1], em virtude de a velocidade da frente da chama ser maior que a da mistura.

---

[1] Retrocesso de chama é retorno momentâneo de uma chama para dentro do queimador, seguido de um estalo e de imediata reaparição da chama.

5.3.1.2 Estabilidade da chama

Um queimador é dito estável quando, sob determinadas variações de mistura e temperatura ambiente, conserva continuamente a ignição.

5.3.1.3 Formato da chama

O formato da chama é uma característica de projeto do queimador. Normalmente, um queimador que produz uma boa mistura, resultado de um alto grau de turbulência, gera chamas curtas e espessas, com alta velocidade, enquanto, ao contrário, resultariam em chamas longas (mistura postergada) e de baixa velocidade.

No projeto do queimador, ao variar-se a velocidade do ar e do gás, podem-se também proporcionar chamas de diferentes formatos, o que será justificado conforme a aplicação, como, por exemplo, queimadores de chama plana (*flat flame*), queimadores de chama curta, queimadores de chama laminar, queimadores de alta velocidade etc.

5.3.2 Processo de ignição dos queimadores

A seguir, é descrito o processo de ignição dos queimadores.

5.3.2.1 Ignição manual

Trata-se da ignição na qual o operador dá início à combustão por meio de uma fonte de ignição manualmente operada, como, por exemplo, um bico de gás, um ferro incandescente, uma tocha, um maçarico etc.

5.3.2.2 Ignição automática

Ignição composta por relés de programação e controle da chama. Permite a partida segura e eficiente. Os processos de ignição automática podem ser elétricos (estabelecimento de uma diferença de potencial entre dois eletrodos ou um eletrodo e a carcaça do queimador, formando um arco voltaico que irá servir de fonte de ignição) ou por meio de piloto (chama piloto produzida por um bico queimando um combustível de fácil ignição, geralmente gás ou óleo diesel).

5.3.3 Regulagem da capacidade dos queimadores

A regulagem da capacidade de queima dos queimadores pode também ser de dois tipos fundamentais: regulagem de capacidade manual e regulagem de capacidade automática.

5.3.3.1 Regulagem de capacidade manual

Nesse caso, tanto a vazão de combustível como a vazão de ar são controladas manualmente, por meio de válvulas. Esse processo não é adequado para aplicações em que uma variação frequente da capacidade de queima é requerida.

5.3.3.2 Regulagem de capacidade automática

O sistema de controle de demanda do combustível e do excesso de ar (relação ar/combustível) da combustão e também a devida proporção entre eles são realizados por meio de servomecanismos.

Há, basicamente, segundo o IPT [7] três tipos de controle para a vazão do combustível a ser queimado:

a) Controle liga/desliga – permite a operação do queimador com uma única vazão de combustível; o queimador permanece ligado ou desligado. O ar e o gás são regulados em determinadas proporções fixas, e o queimador liga e desliga em função do instrumento controlador da temperatura do processo. O tempo em que o queimador permanece ligado ou desligado irá depender das características do controlador de temperatura. É utilizado para pequenas capacidades e serviços intermitentes em que a precisão da temperatura a ser mantida no processo não é muito rigorosa.

b) Controle alto/baixo – permite a operação do queimador somente em duas condições: vazão máxima (chama alta) e vazão mínima (chama baixa).

c) Controle modulante – permite a operação do queimador em vazões variáveis, entre a máxima e mínima. É usado quando o processo requer um controle de temperatura preciso e serviço contínuo, pois essa alternativa possibilita melhor qualidade de combustão, em relação às duas anteriores.

A regulagem da capacidade dos queimadores evoluiu bastante nos últimos anos, sendo que atualmente os sistemas de combustão dos queimadores mais modernos são dotados de gerenciamento digital da combustão (Figura 5.8), que permite a operação permanente, nas diversas condições de potência térmica, em condições otimizadas e supervisão a distância, por controle remoto, com diagnósticos e correções de problemas. Estando a análise contínua de oxigênio contido nos gases da combustão disponível, o excesso de ar pode estar contemplado na lógica de controle da combustão.

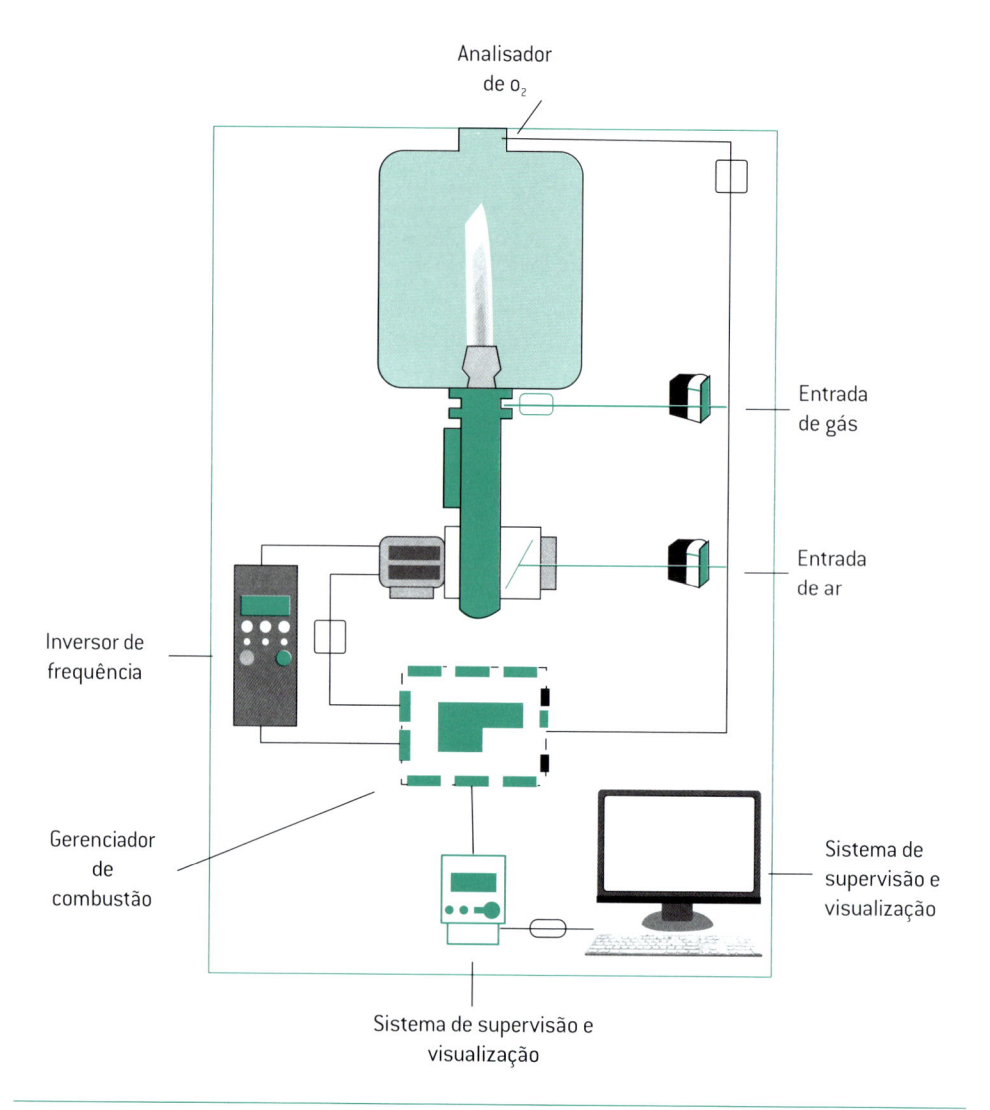

Figura 5.8   Exemplo de sistema gerenciador da combustão

FONTE: IPT [7].

5.3.4 Classificação dos queimadores

Segundo Visani [6], os queimadores se classificam como:

- queimadores com pré-mistura ar/gás;
- queimadores com mistura no local de queima;
- queimadores duais (óleo e gás).

Uma outra abordagem para a classificação de queimadores é a que tem como base o suprimento de ar, segundo o IPT [7], como segue:

- Queimadores atmosféricos ou com suprimento de ar induzido. São queimadores que não requerem introdução de ar por meios mecânicos (ventilador/exaustor), em que a introdução do ar de combustão diretamente da atmosfera ocorre por arraste ou difusão.

■ Queimadores de circulação forçada ou com suprimento de ar forçado. São queimadores que requerem o uso de máquina de fluxo (ventilador). Esses queimadores são denominados de "monobloco", quando o ventilador e o queimador são montados num único conjunto, ou de "duobloco", quando a montagem é em separado. O primeiro tem a desvantagem de inviabilizar o uso de ar preaquecido.

5.3.4.1 *Queimadores com pré-mistura ar/gás*

São queimadores que já recebem o ar e o gás pré-misturados, prontos para a queima (Figura 5.9). Esses queimadores apresentam bocais projetados para impedir o retrocesso da chama, que garantem a estabilidade da mesma e o controle da liberação de calor (que é feito por meio da pressão da mistura ar/gás). Tratam-se de queimadores de pequenas capacidades (5.000 a 500.000 kcal/h), sendo normalmente utilizados em conjuntos em que são montados vários bocais, alimentados por um único misturador. A Figura 5.10 ilustra um esquema típico de válvulas para um sistema de pré-mistura.

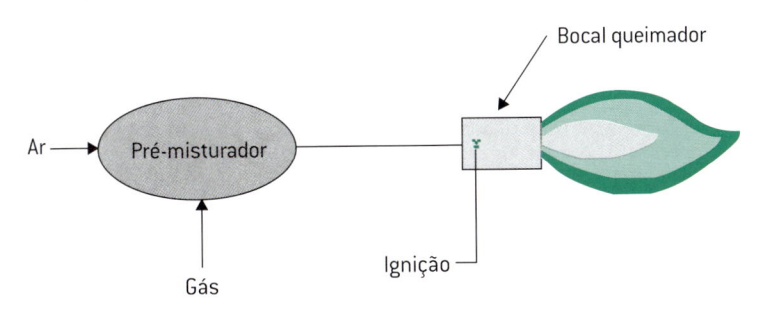

Figura 5.9 Queimador com pré-mistura ar-gás

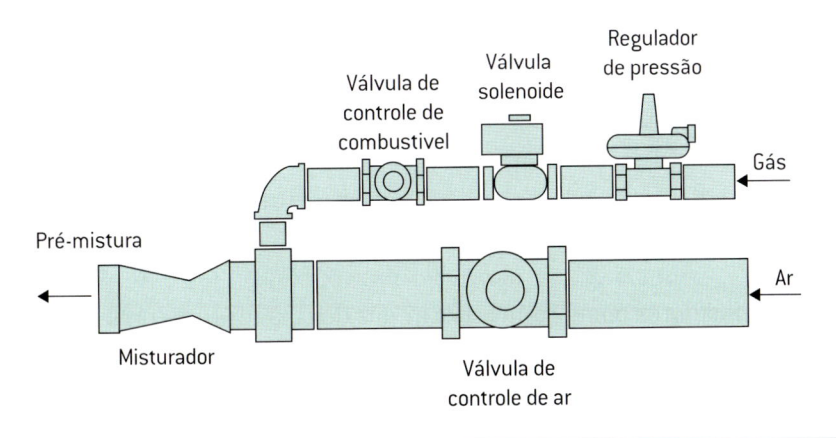

Figura 5.10 Esquema típico de válvulas para um sistema de pré-mistura

FONTE: Visani [6].

Esse queimador possui uma série de vantagens, tais como:

- quando opera com a relação combustível/ar próxima da estequiométrica, alcança temperaturas de chama mais altas;
- possui um único tubo do misturador ao queimador;
- a pré-mistura queima mais rápido e, portanto, possibilita chama mais curta;
- pode ser utilizado em múltiplos bocais com um único misturador.

Como desvantagens possui:

- limitação de capacidade, tendo em vista o fato de atingir grandes dimensões para queimadores de maior capacidade;
- possibilidade de retorno de chama pelo bocal queimador à tubulação da mistura;
- faixa de regulagem estreita (máx. 1:5).

Os queimadores com pré-mistura ar/gás podem ser de dois tipos:

- misturador tipo venturi com gás à alta pressão;
- misturador ar/gás à baixa pressão.

Os queimadores com pré-mistura ar/gás, como misturador do tipo venturi (Figura 5.11), com gás a alta pressão, utilizam a alta pressão do gás (de 0,2 a 1,0 bar) que, passando através de um venturi, cria depressão suficiente para inspirar o ar atmosférico, formando a mistura.

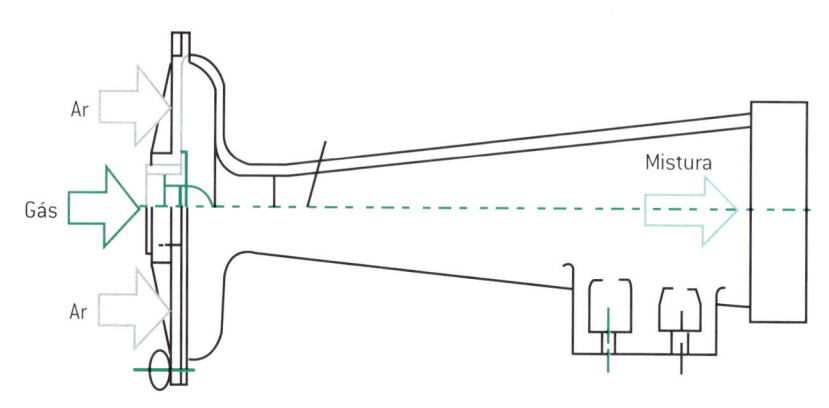

Figura 5.11   Esquema do queimador com sistema de pré-mistura do tipo venturi

FONTE: Adaptado de Visani [6].

Os queimadores com pré-mistura ar/gás do tipo misturadores ar/gás à baixa pressão (Figura 5.12) possuem o fornecimento de ar a pressão variando entre 400 a 1.000 mmCA que, internamente ao misturador, passa por um venturi, criando uma zona de depressão. Essa zona de depressão, localizada na garganta do venturi, é o local onde é aberta a entrada do gás, que é praticamente fornecido à pressão atmosférica (constante) e é inspirado pela depressão provocada pelo ar. Para o perfeito controle da mistura ar/gás, é importante um regulador atmosférico (regulador "zero") montado na linha de gás que alimenta o misturador.

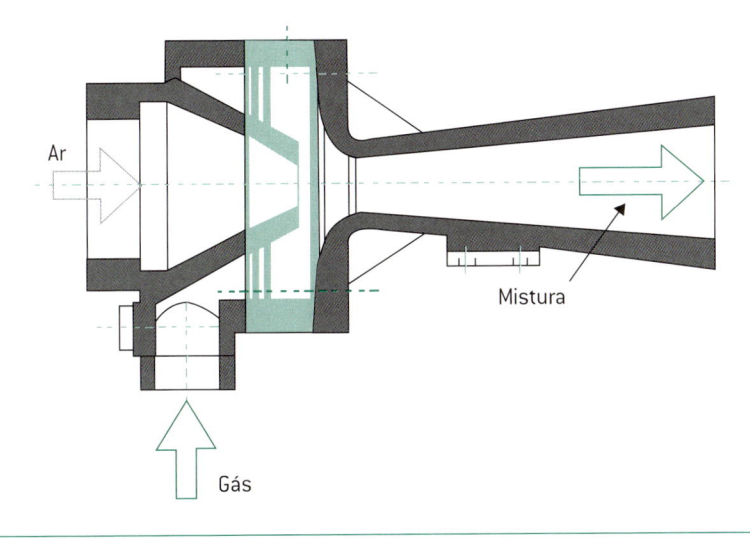

Figura 5.12 Esquema do queimador com sistema de pré-mistura do tipo misturadores ar/gás à baixa pressão

FONTE: Adaptado de Visani [6].

5.3.4.2 *Queimadores com mistura no local de queima*

Nesse tipo de queimador (Figura 5.13), o ar e o gás são supridos por circuitos independentes e a mistura só é feita no bocal de queima. É o princípio usado para queimadores de médio e grande porte, principalmente quando aplicados em fornalhas pressurizadas. Os projetos são muito variáveis, feitos em função das pressões de alimentação do gás e do ar, como também do tipo de mistura, sendo possível se obter queimadores para os mais variados tipos de aplicação.

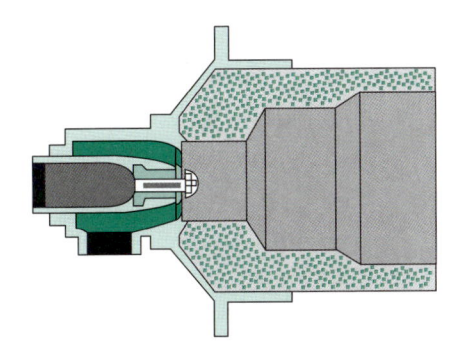

Figura 5.13 Esquema do queimador com mistura no local de queima

FONTE: Visani [6].

São descritas a seguir algumas das modalidades existentes de queimadores com mistura no local de queima:

a) Queimadores com ar à média pressão e gás à baixa pressão.

São os mais comuns. O ar é fornecido a pressões entre 500 e 1100 mmCA e o gás entre 50 e 400 mmCA. Nesse caso, o ar é o agente que arrasta o combustível e comanda o processo de mistura combustível/ar. Alguns projetos desses queimadores podem operar com diferentes tipos de gás (de diferente poder calorífico), sem precisar de modificações mecânicas; apenas a pressão do gás é corrigida, dependendo de sua composição.

Possuem boa estabilidade de chama e, em virtude do fato de o ar comandar o processo de mistura, podem operar com grande variação dessa mistura (alto excesso de ar, mistura pobre e mistura estequiométrica) e grande faixa de regulagem (1:10, sendo que alguns projetos garantem até 1:20).

b) Queimadores com gás à média pressão e ar à baixa pressão.

Esses queimadores utilizam pressões de gás em torno de 500 a 2.000 mmCA e ar em torno de 200 a 300 mmCA. O ar sofre um turbilhonamento na cabeça de mistura e o gás é injetado (distribuído) através de vários orifícios. São queimadores que utilizam basicamente gases combustíveis com PCI acima de 4.000 kcal/Nm^3, não requerem bloco refratário e produzem uma chama normal, sendo geralmente aplicados em câmaras de baixa temperatura. São bastante usados em caldeiras a vapor, aquecedores de água ou fluido térmico, estufas etc.

c) Queimadores com formato de chama específico.

Existem várias modalidades de queimadores desse tipo. O queimador de chama plana (*flat flame*), por exemplo, possui uma distribuição do ar e no formato do bloco refratário que faz com que produza uma chama "chata" ou plana. São utilizados (Figura 5.14) em câmaras de combustão de fornos, em que a carga fica posicionada próxima às paredes do forno (pouco espaço para posicionar a chama) e em fornos que requerem uma alta taxa de radiação, em que se forma uma "parede" de chama. São muito utilizados em fornos siderúrgicos para preaquecimento de tarugos e lingotes, onde são montados no teto do forno.

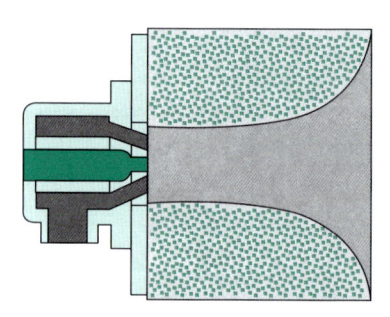

Figura 5.14   Esquema do queimador com mistura no local tipo chama plana

FONTE: Visani [6].

d) Queimadores de alta velocidade.

A diferença desse queimador para os demais está no formato do bloco refratário, que restringe seu diâmetro de saída, aumentando a velocidade de exaustão (Figura 5.15). A velocidade de saída da chama fica em torno de 80 a 200 m/s, produzindo uma chama curta e com altíssima velocidade, provocando uma movimentação muito grande dos gases de exaustão dentro do forno e aumentando consideravelmente a transferência de calor por condução e convecção.

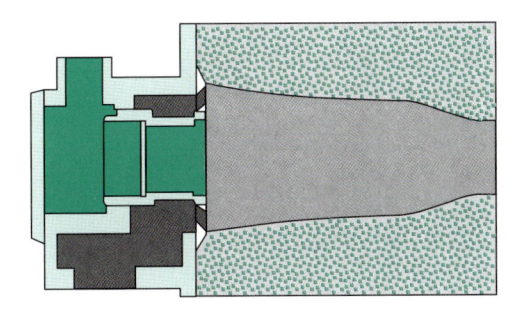

Figura 5.15 Esquema do queimador com mistura no local tipo alta velocidade

FONTE: Visani [6].

Já nos queimadores com chama longa (Figura 5.16), o ar e o gás são supridos à baixa pressão, sendo que o ar é o agente que irá comandar a mistura. O gás praticamente é requerido a pressões muito baixas (10 a 50 mmCA) e o ar a pressões em torno de 200 a 400 mmCA. A mistura é feita com velocidades muito baixas (regime laminar), o que a retarda e produz uma chama longa, também chamada de chama de difusão. Esse tipo de chama é muito requerido em fornos metalúrgicos e siderúrgicos, nos quais a radiação é a principal parcela de transferência de calor, e alongando-se a chama, aumenta-se sua superfície radiante.

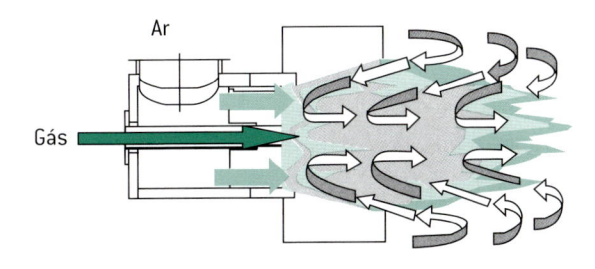

Figura 5.16 Esquema do queimador com mistura no local tipo chama longa

FONTE: Visani [6].

e) Queimadores para ar preaquecido.

Trata-se de uma versão especial dos demais queimadores. Para temperaturas de ar até 200 °C, a construção normal (*standard*) pode ser utilizada, corrigindo-se apenas a capacidade. Para temperaturas acima de 300 °C, é requerido material especial ou revestimento com material refratário na carcaça de ar.

5.3.4.3 Queimadores duais (óleo e gás)

No Brasil, em virtude das variações de disponibilidade e preço de combustíveis, tem sido comum a instalação de queimadores mistos óleo-gás, denominados "duais" ou queimadores combinados (Figura 5.17). Tratam-se de queimadores que podem operar com combustíveis líquidos e gasosos, alternativamente ou simultaneamente. Os princípios de funcionamento e atomização são os mais variados possíveis e englobam os tipos já descritos anteriormente.

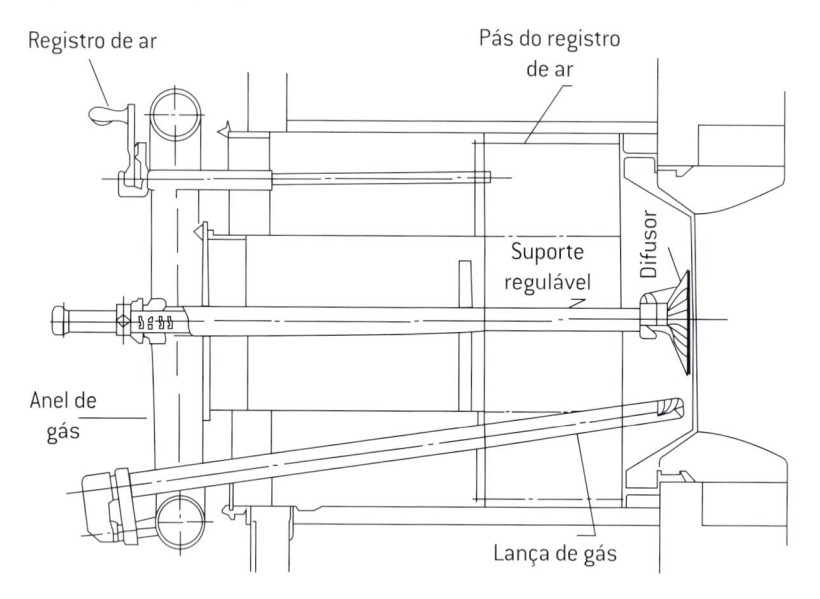

Figura 5.17 Esquema do queimador dual

FONTE: IPT [7].

Podem ser de dois tipos: queimadores com mistura no bocal de queima e queimadores tipo registro. Este último é projetado para ser instalado em caixa de ar, ou seja, o ar de combustão é fornecido ao sistema de queima por uma caixa de ar que faz parte do equipamento em que o queimador será instalado.

O queimador funciona como um registro de ar, o ar entra na carcaça do queimador já dosado. É o tipo de queimador usado em caldeiras aquatubular e geradores de ar quente de grande porte. Normalmente, são queimadores duais – operam com óleo ou/e gás.

5.4 Equipamentos térmicos

Constituem-se em equipamentos térmicos todos aqueles que, por meio do processo de combustão, transferem a maior parte da energia térmica dessa reação química para outros meios ou substâncias, tais como para a água ou ar, para um fluido térmico, para outros gases, para sólidos, líquidos etc. Os equipamentos térmicos mais utilizados são os geradores a vapor – de água quente, de fluido térmico, de ar quente, de gases quentes –, além de fornos, estufas e sistemas de aquecimento de líquidos em tanques, por meio de serpentinas.

5.4.1 Geradores a vapor

De acordo com o IPT [7], são equipamentos que vaporizam a água, usualmente em pressões bem superiores à da atmosfera, ao estado saturado ou superaquecido. São comumente conhecidos como caldeiras. Conforme a posição da água ou dos gases da combustão, classificam-se em: geradores a vapor tipo fogotubulares; geradores a vapor tipo aquatubulares e geradores a vapor tipo misto.

5.4.1.1 *Geradores a vapor tipo fogotubulares (também denominados de flamotubulares e/ou pirotubulares)*

São constituídos por tubos de fogo ou de fumaça. Os gases de combustão são gerados em uma ou duas câmaras, onde ficam os queimadores, e fluem internamente por um conjunto de tubos até escoarem pela exaustão (chaminé). Conforme esses gases fluem, transferem calor (condução, radiação e convecção) para a água, que fica do lado externo dos tubos. Produzem geralmente vapor saturado e possuem restrição quanto à máxima produção de vapor. Os geradores a vapor do tipo fogotubular são classificados, de acordo com o IPT [7], por meio da quantidade de "passes" na radiação, como segue:

a) Um passe na radiação: os gases atravessam a câmara de combustão (radiação) e retornam por uma única zona de convecção.

b) Dois passes na radiação: os gases atravessam a câmara de combustão, até seu final e retornam junto às paredes da câmara (radiação) por uma única zona de convecção (ver Figura 5.18).

Os geradores a vapor do tipo fogotubular também podem ser classificados quanto à quantidade de passes na convecção (um, dois ou três passes). A Figura 5.18 ilustra um gerador de vapor fogotubular com dois passes na radiação e um na convecção. A Figura 5.19 ilustra um gerador de vapor fogotubular com diversas configurações de passes.

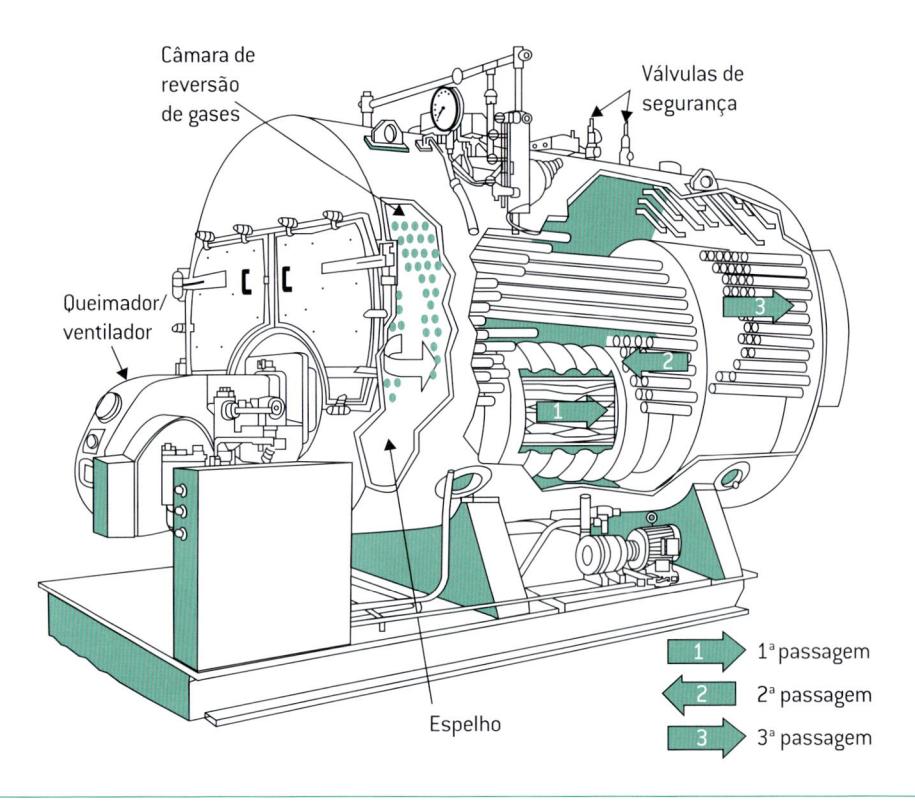

Figura 5.18   Gerador de vapor fogotubular com dois passes na radiação e um na convecção

FONTE: IPT [7].

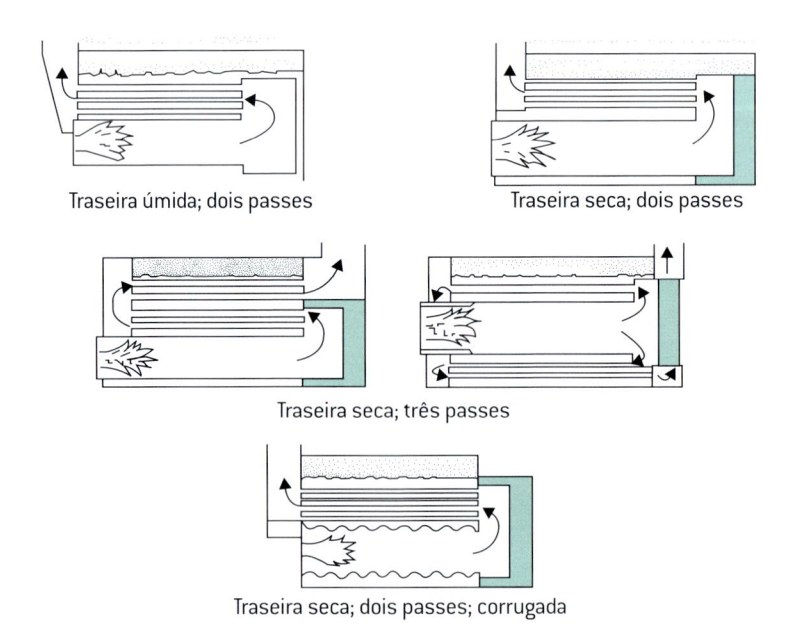

Figura 5.19   Gerador de vapor fogotubular com diversas configurações de passes

FONTE: IPT [7].

5.4.1.2 *Geradores a vapor tipo aquatubulares*

Nesses equipamentos, os gases de combustão também são gerados em uma câmara, onde ficam os queimadores, porém agora o processo se inverte, ou seja, a água/vapor flui pelo lado interno dos tubos, e os gases gerados fluem pelo lado externo. Esses geradores produzem vapor saturado ou superaquecido e não possuem restrição quanto à máxima produção de vapor. A Figura 5.20 ilustra um gerador a vapor do tipo aquatubular.

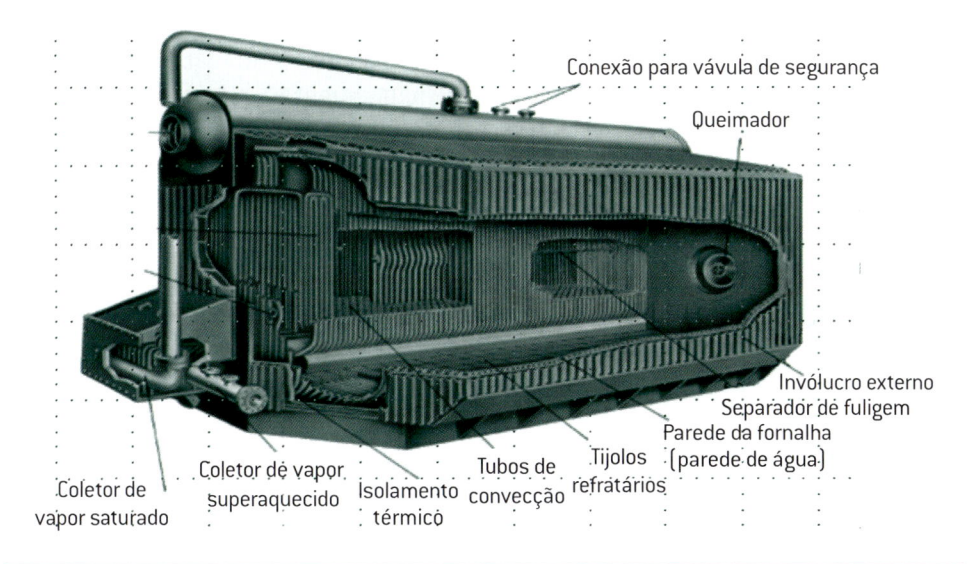

Figura 5.20 Gerador de vapor aquotubular

FONTE: Ilustração do autor.

5.4.1.3 *Comparação entre geradores a vapor fogotubulares com aquatubulares*

Em relação aos geradores a vapor aquatubulares, os geradores a vapor do tipo fogotubulares possuem:

- menor capacidade de geração de vapor – máxima da ordem de 34 t/h;
- menor pressão de vapor – até 25 kgf/cm^2, aproximadamente;
- menor capacidade/taxa de vaporização (kg/h por m^2);
- menor custo de construção e manutenção;
- menor necessidade de capacitação do operador;
- menor complexidade do projeto;
- menor necessidade de tratamento de água;
- melhor resposta a variações de carga;
- maior facilidade de instalação (equipamento "comprado pronto");
- maior dificuldade na instalação de economizador, superaquecedor e preaquecedor;
- menor possibilidade de implantação de técnicas de redução das emissões de NO_x aplicadas ao processo;

- maior custo do vapor gerado;
- menor necessidade de espaço.

5.4.1.4 *Geradores a vapor tipo misto*

São geradores a vapor fogotubulares que possuem antecâmara com tubos de água, normalmente projetadas para combustíveis sólidos.

5.4.2 Geradores de água quente

São equipamentos que somente aquecem a água, sem mudança do seu estado natural. A Figura 5.21 ilustra geradores de água quente:

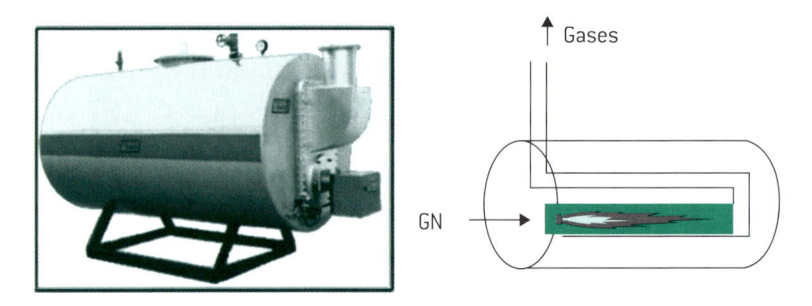

Figura 5.21   Geradores de água quente

FONTE: IPT [7].

5.4.3 Geradores de fluido térmico

São equipamentos que somente aquecem o fluido térmico, sem mudança do seu estado. A Figura 5.22 ilustra geradores desse tipo.

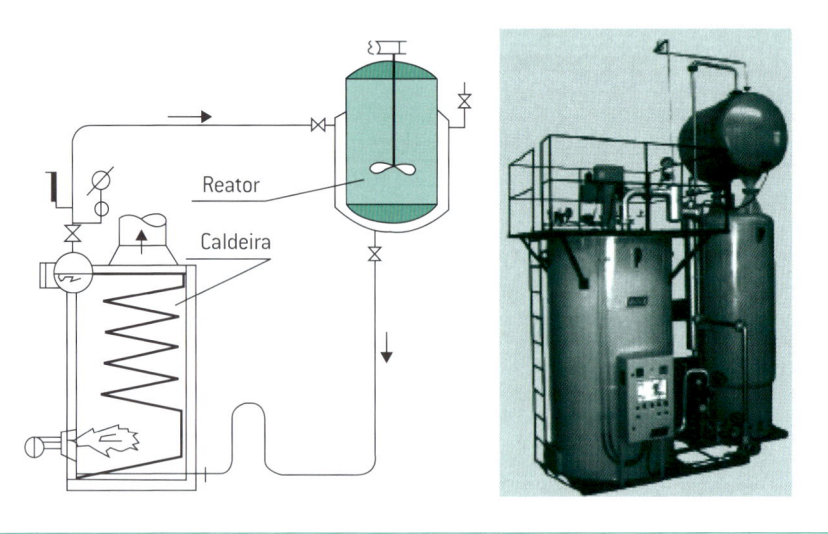

Figura 5.22   Geradores de fluido térmico

FONTE: IPT [7].

5.4.4 Geradores de gases quentes

São equipamentos que aquecem o ar atmosférico, ou outros gases.

5.4.5 Fornos

Segundo a Unicamp [8], o forno é um equipamento térmico em que o material (ou carga) é aquecido sob condições controladas.

Os fornos podem ser concebidos com concepções muito diversificadas, tais como:

- reaquecimentos de barras;
- fusão;
- cadinhos;
- cerâmicos;
- tipo rolo, para indústrias cimenteiras e similares;
- tratamentos térmicos;
- forjas;
- chamuscadeiras.

5.4.6 Estufas

Estufas, segundo a Wikipedia [9], são estruturas que têm o objetivo de acumular e conter o calor no seu interior, mantendo assim uma temperatura maior no seu interior que ao seu redor. Normalmente, são compostas por uma caixa e uma fonte de calor.

As estufas podem ser de diferentes modalidades:

- estufas de pintura;
- estufas de secagem – podem ser do tipo por circulação de ar e por queimadores radiantes.

5.5 Conversão de equipamentos térmicos para o gás natural

Conforme foi abordado nos Capítulos 1 e 3, o gás natural possui as seguintes principais vantagens em relação aos derivados líquidos do petróleo:

- maior facilidade e segurança de manuseio;
- melhor qualidade de sua combustão, com destaque ao melhor potencial para valores elevados na eficiência térmica (facilidade da operação com menor excesso de ar e, pela ausência de enxofre, possibilidade de operação com temperatura dos gases de combustão, no escape, com valores mais baixos; ausência de riscos de corrosão nos materiais metálicos do sistema de tiragem e reduzida formação de material particulado nos gases da combustão, material este que pode agregar-se às superfícies de troca térmica, reduzindo, então, a qualidade da transmissão de calor).

Por essas vantagens, o gás natural, a partir do ano de 2000, vem substituindo os óleos combustíveis, o óleo diesel e mesmo o GLP, principalmente em áreas de grande concentração de polos industriais, em que a malha de rede para sua distribuição vem sendo expandida, nos últimos anos, pelas concessionárias de gás canalizado.

As Tabelas 5.1, 5.2 e 5.3 fornecem dados comparativos do poder calórico superior e inferior, índice de Wobbe, e ar e gases de combustão, respectivamente, do gás natural com outros combustíveis fósseis.

5.5.1 Modalidades de conversão

A seguir são apresentadas as conversões típicas que envolvem o uso do gás natural.

5.5.1.1 Conversão de equipamentos térmicos dos óleos combustíveis/diesel para o gás o natural

Para essa modalidade de conversão, tanto a necessidade de ar de combustão (sob o ponto de vista estequiométrico) como a de geração dos gases de combustão, em relação massa por energia (kg/MJ), são praticamente as mesmas para os dois combustíveis (ver Tabela 5.4). No entanto, para os óleos combustíveis e o diesel há uma necessidade maior de excesso de ar[2] e, por consequência, existe a necessidade da adequação do fluxo do ar de combustão, por meio de maior restrição a esse fluxo, para operar com nível de excesso de ar menor, compatível ao requerido pelo gás natural.

Tabela 5.4   Vazões de ar e gases na combustão completa e estequiométrica de combustíveis

	Ar de combustão			Gases de combustão		
	GN	GLP	Óleo	GN	GLP	Óleo
Vazão em massa						
Em kg por kg de combustível	16,3	15,7	13,6	17,3	16,7	14,6
Em kg por MJ	0,35	0,37	0,34	0,37	0,4	0,36

Como essa conversão compreende a troca de um combustível alimentado na fase líquida por outro na fase gasosa, todos os sistemas de combustão, controle, instrumentação e segurança deverão ser trocados para a condição de combustível gasoso. Em relação aos queimadores, eventualmente poderão ser mantidos os originais, substituindo-se ou complementando-se suas lanças de óleo/diesel por específicas ao gás natural.

Outra questão é que na combustão, principalmente dos óleos combustíveis, em sua chama, como também em toda a atmosfera gasosa de sua câmara, a

---

[2]   Os combustíveis líquidos, por serem nebulizados para o seu processo de combustão, exigem maior quantidade de ar comparativamente aos combustíveis gasosos, para viabilizarem uma boa combustão.

concentração de fuligem (material particulado orgânico formado pela polimerização de determinados hidrocarbonetos liberados na nebulização do óleo) é muito superior à da combustão do gás natural. Essa elevada concentração de fuligem favorece intensamente a troca de calor por radiação, para os óleos combustíveis.

Na conversão para o gás natural pode ocorrer uma queda da eficiência térmica, decorrente dessa menor troca de calor na câmara de combustão, que deve ser compensada pela elevação da troca de calor convectivo, nas demais áreas de troca térmica dos equipamentos. Outro aspecto importante é a elevação na temperatura dos gases, na saída da câmara de combustão, elevando a troca de calor convectivo, que deve ser avaliada quanto a sua compatibilidade aos materiais na zona de reversão dos gases e na zona de convecção.

5.5.1.2 *Conversão de equipamentos térmicos do GLP (fase gasosa) ao gás natural*

Tendo em vista o fato dos valores PCS e PCI em volume (m^3) serem cerca de 63% inferiores aos do gás natural (Tabela 5.5), a velocidade de escoamento, inversamente, é 63% superior. Por isso, nos sistemas de combustão, controle e segurança, todas as válvulas de bloqueio, de operação, de segurança, além dos instrumentos de medição, devem ter consultados os catálogos de seus fabricantes para confirmação da sua adequação a esse novo perfil de velocidades ou a detecção de necessidades de substituição.

Tabela 5.5 Poder calorífico superior (PCS) e inferior (PCI)

	GN [i]		GLP [ii]		Óleo combustível [iii]
	kcal/m^3 n	kcal/kg	kcal/m^3 n	kcal/kg	kcal/kg
PCS	10.189	12.472	27.181	11.921	10.089
PCI	9.204	11.266	25.055	10.989	9.598

FONTE: IPT[7].

NOTA EXPLICATIVA: (i), (ii) e (iii) correspondem a valores calculados.

A NBR 12313 [5] estabelece o valor de velocidade máxima de escoamento. Outro aspecto a considerar é que, em virtude do fato de os índices de Wobbe dos dois gases combustíveis possuírem valores diferentes (Tabela 5.6), esses dois energéticos não fornecerão a mesma quantidade de energia através de um orifício injetor, quando submetidos a pressões idênticas. Portanto, todos os queimadores deverão ter seus diâmetros de orifícios ou valores de pressão alterados.

Tabela 5.6 Índice de Wobbe típicos

	GN		GLP	
v	kcal/m^3 n	kJ/m^3 n	kcal/m^3 n	kJ/m^3 n
W_{SUP}	12.736	53.323	20.130	85.536
WI_{NF}	11.505	48.170	18.832	78.846

FONTE: IPT [7].

5.6   Referências bibliográficas

[1] ASSOCIAÇÃO BRASILEIRA DE NORMAS TÉCNICAS – ABNT. **NBR 15358** – Redes de distribuição em instalações comerciais e industriais – Projeto e Execução. Rio de Janeiro, 2006. 28 p.

[2] ASSOCIAÇÃO BRASILEIRA DE NORMAS TÉCNICAS – ABNT. **NBR 15526** – Redes de distribuição interna para gases combustíveis em instalações residenciais e comerciais – Projeto e execução. Rio de Janeiro, 2009. 44 p.

[3] COMPANHIA DE GÁS DE SÃO PAULO – Comgás. **RIP** – Regulamento de instalações prediais. Disponível em: <www.comgas.com.br>. Acesso em: 25 jan. 2010.

[4] ASSOCIAÇÃO BRASILEIRA DE NORMAS TÉCNICAS – ABNT. **NBR 5419** – Proteção de estruturas contra descargas atmosféricas. Rio de Janeiro, 2005. 32 p.

[5] ASSOCIAÇÃO BRASILEIRA DE NORMAS TÉCNICAS – ABNT. **NBR 12313** – Sistema de combustão – controle e segurança para utilização de gases combustíveis em processos de baixa e alta temperatura. Rio de Janeiro, 2000. 33 p.

[6] VISANI, Millo. **Sistemas de combustão**. Apostila do curso de atualização em gases combustíveis. Liceu de Artes e Ofícios de São Paulo. São Paulo, 2006.

[7] INSTITUTO DE PESQUISAS TECNOLÓGICAS DE SÃO PAULO – IPT. **Manual de Procedimentos para Utilização Racional de Gás Natural em Caldeiras** – **Relatório Técnico n. 99339-205 final CETAE** – Centro de Tecnologias Ambientais e Energéticas – Laboratório de Energia Térmica, Motores, Combustíveis e Emissões. São Paulo, abr. 2008.

[8] UNIVERSIDADE ESTADUAL DE CAMPINAS – Unicamp. **Tecnologia de combustão**. Apostila do departamento de Energia Térmica e de Fluídos. Campinas, jul. 2002.

[9] WIKIPEDIA. **Estufa**. Disponível em: <http://pt.wikipedia.org/wiki/Estufa>. Acesso em: 24 fev. 2010.

6 Instrumentação, medição e automação aplicadas à distribuição industrial do gás natural

6.1 Introdução

A instrumentação e a medição para transferência de custódia desempenham papel fundamental para a distribuição do gás natural. A instrumentação possibilita o monitoramento das variáveis de processo (pressão, temperatura, vazão, poder calorífico etc.), as quais são imprescindíveis por razões de segurança e operacionais.

A instrumentação básica possibilitou a existência da indústria do gás. O seu uso pode se dar integrado a sistemas, tais como os de segurança (por exemplo, válvulas de fechamento de sobrepressão), de aquisição de dados de leitura automática de medidores para transferência de custódia etc. Em uma época em que a regulamentação e os requisitos ligados à segurança e ao meio ambiente vêm se tornando mais rigorosos, a instrumentação e a automação tornam-se essenciais à indústria do gás natural.

Já no que se refere à medição do gás natural, esse tende a ser o setor mais importante das concessionárias de gás canalizado em virtude dos fatores a seguir:

- Regulação econômica do setor de energia que ocasionou agilização das operações relacionadas à cadeia de medição (passa a ser necessário o conhecimento dos volumes de gás diariamente ou de hora em hora), mais estações para transferência de custódia e aumento dos investimentos em medição, além de maior exigência de exatidão das medições.

- Novas sistemáticas de gestão financeira e comercial aplicáveis tanto nas concessionárias de gás canalizado, como também nas indústrias. Os volumes de gás são insumos para alimentar esses sistemas, e a exatidão das suas medições está diretamente relacionada com o risco do negócio.
- Crescente atuação do Inmetro nas atividades inerentes à supervisão metrológica legal por meio de regulamentação técnica.
- Elaboração crescente de normas técnicas brasileiras da ABNT e internacionais.
- Construção de laboratórios de vazão no Brasil.
- Conscientização da sociedade acerca de seus direitos de cidadania.
- Impacto financeiro da medição do gás.

6.2   Instrumentação de processo aplicada à indústria de gás

A seguir são descritos alguns instrumentos aplicáveis à indústria do gás natural.

6.2.1   Medição de pressão

Os principais instrumentos usados para medição de pressão na indústria do gás natural são o manômetro de coluna líquida, o manômetro mola tubular (tipo Bourdon) e os transdutores de pressão.

6.2.1.1   Manômetro de coluna líquida

O manômetro de coluna líquida é constituído basicamente por um tubo de vidro, contendo certa quantidade de líquido que é fixado a uma base com escala graduada. Trata-se de um instrumento de concepção bastante simples e muito utilizado, principalmente em aplicações nas quais as pressões envolvidas são próximas à atmosférica (na faixa de 10 Pa até 200 kPa) ou ainda em aplicações em que se deseje medir um diferencial de pressão dessa mesma ordem de grandeza (em placas de orifício ou tubos de Pitot, por exemplo). A pressão (manométrica) é obtida por meio da leitura direta na escala graduada (extensão da coluna líquida h), conforme Equação 6.1, a seguir (ver Figura 6.1).

$$P_{manométrica} = \Delta P = P - P_0 = \rho \times g \times h \qquad (6.1)$$

Onde:

P é a pressão absoluta;

P_0 é a pressão atmosférica do local;

ρ é a **massa** específica do líquido utilizado no manômetro;

g é a aceleração da gravidade;

h é a extensão da coluna líquida.

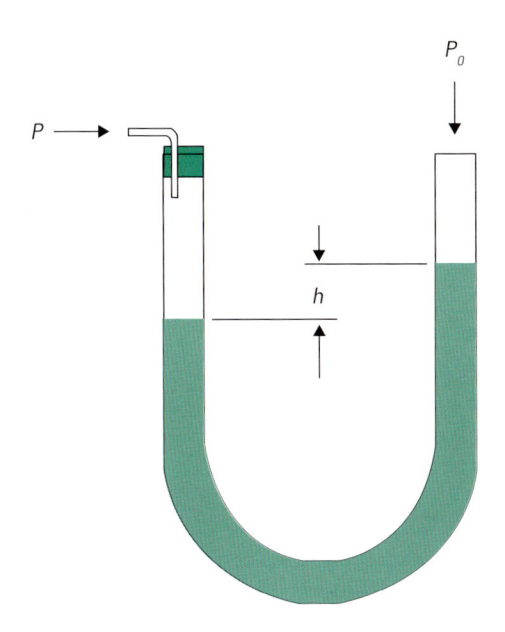

Figura 6.1   Manômetro de coluna líquida

Ao se iniciar uma medição com um manômetro de coluna líquida, é necessário ajustar a escala (ou o nível da coluna líquida) de tal forma que, quando não submetida a nenhum diferencial de pressão, a coluna líquida tenha o menisco na posição zero da escala graduada. Daí utilizar-se a expressão zerar o instrumento. O líquido utilizado no manômetro é, principalmente, função da faixa de utilização do instrumento, sendo mais comum o uso de óleos especiais, de água e de mercúrio. Fluidos voláteis não são recomendados. Os manômetros de coluna líquidos mais conhecidos são os manômetros de tubo em "U"; os manômetros tipo poço, com coluna vertical e os manômetros com coluna inclinada.

6.2.1.2 Manômetro mola tubular (tipo Bourdon)

Esse tipo de manômetro consiste de um tubo com seção oval, disposto na forma de arco de circunferência, tendo uma extremidade fechada e outra aberta à pressão a ser medida (Figura 6.2). Com a pressão agindo em seu interior, o tubo tende a tomar uma seção circular, resultando em um movimento em sua extremidade fechada. Esse movimento por meio da engrenagem é transmitido a um ponteiro que irá indicar uma medida de pressão. Quanto à forma, o tubo de Bourdon pode se apresentar como tipo C, espiral ou helicoidal. Em virtude de sua robustez, sua durabilidade e seu baixo custo relativo, o manômetro de mola tubular é bastante utilizado na indústria do gás para a obtenção de indicações locais de pressão, como é o caso típico de conjuntos de regulagem e medição.

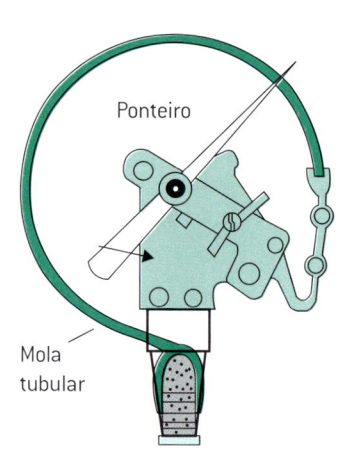

Figura 6.2   Manômetro de bourdon

6.2.1.3 Transdutores de pressão

Os transdutores são dispositivos que basicamente transformam um sinal mecânico (pressão) em um sinal elétrico. Para o caso da indústria do gás natural, os transdutores de pressão mais usados são os capacitivos, piezoelétricos e *strain-gages*. O transdutor de pressão capacitivo consiste em duas placas capacitivas separadas por uma membrana ou elemento sensor de capacitância.

A pressão a ser medida é transmitida através de uma membrana isoladora para o elemento sensor que está imerso em óleo. A deformação do elemento sensor altera a capacitância entre essa membrana e as placas capacitivas, de acordo com uma equação. A alteração na capacitância gera um sinal elétrico que é transmitido na forma de tensão ou corrente para um registrador.

O transdutor de pressão piezoelétrico tem como princípio de funcionamento as propriedades de seu elemento sensor, que no caso é um cristal que, ao ser submetido a uma tensão mecânica em um plano definido, se excita, surgindo, então, uma carga elétrica. Essa propriedade é típica de cristais como o quartzo, a turmalina e o titanato de bário. Os esforços capazes de excitar o cristal são de cisalhamento, compressão, tração e torção. A maioria dos transdutores piezoelétricos trabalha solicitada à compressão, porém aqueles que trabalham a cisalhamento possuem maior sensibilidade. A carga produzida no cristal é diretamente proporcional à força aplicada sobre ele.

O transdutor de pressão por *strain-gages* ou extensômetros elétricos (Figura 6.3) é composto, basicamente, de um cilindro oco, em cuja superfície cilíndrica são coladas as extremidades de quatro tiras para medição extensométrica (DMS) de forma transversal em relação ao eixo do cilindro. Quando se aplica uma pressão, a parede do cilindro se expande e as DMS alteram sua resistência elétrica. A alteração da resistência é a medida base para a determinação da pressão.

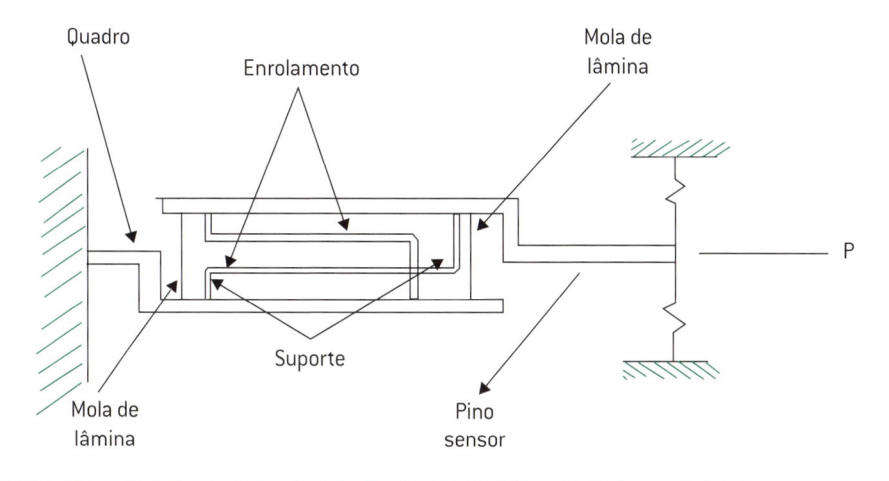

Figura 6.3 Transdutor de pressão tipo *strain-gage*

6.2.2 Medição de temperatura

Os principais instrumentos usados para medição de temperatura na indústria do gás natural são: termopar; sensores de temperatura do tipo bulbo de resistência; termômetros bimetálicos e termômetro a dilatação de líquido.

6.2.2.1 Termopar

Um termopar (Figura 6.4) consiste de dois condutores metálicos, de natureza distinta, na forma de metais puros ou de ligas homogêneas. Os fios são soldados em um extremo ao qual se dá o nome de junta de medição ou junta quente. A outra extremidade dos fios é levada ao instrumento de medição de FEM, fechando o circuito elétrico. O ponto em que os fios que formam o termopar se conectam ao instrumento de medição é chamado de junta fria ou junta de referência.

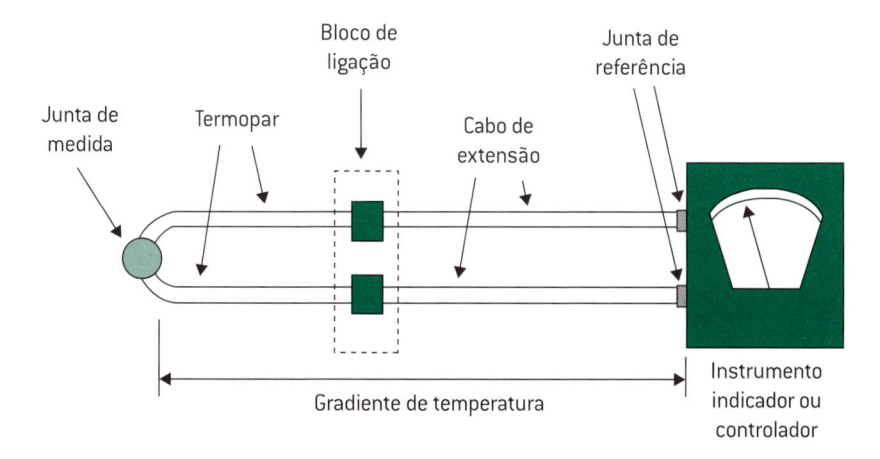

Figura 6.4 Termopar

Os termopares estão disponíveis em diferentes materiais, de modo a serem adaptados às condições da instalação. Na indústria do gás, são bastante usados em instrumentação de processo, como, por exemplo, em sistemas de combustão. A especificação de um termopar para determinada aplicação deve ser feita considerando-se todas as características e normas exigidas pelo processo, tais como a faixa de temperatura a exatidão, as condições de trabalho e a velocidade de resposta.

6.2.2.2   *Sensores de temperatura do tipo bulbo de resistência*

São dispositivos construídos de fio enrolado e de uma película fina, que trabalham pelo princípio físico do coeficiente de temperatura da resistência elétrica dos metais (Figura 6.5). Requerem uma corrente elétrica para produzir uma queda de tensão através do sensor que pode, então, ser mantido por um dispositivo de leitura externa calibrado. O metal mais utilizado na construção de termorresistências é a platina, sendo encapsulado em bulbos cerâmicos ou de vidro. O modelo mais utilizado na indústria do gás natural é o PT 100, particularmente em aplicações para transferência de custódia, haja vista a sua excelente exatidão e baixos tempos de resposta e repetibilidade.

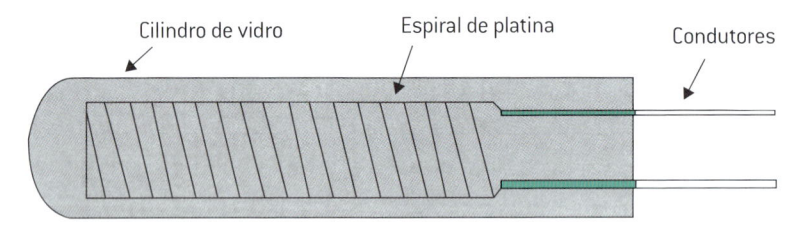

Figura 6.5   Esquema de PT 100

6.2.2.3   *Termômetros bimetálicos*

O termômetro bimetálico (Figura 6.6) consiste em duas lâminas de metais, com coeficientes de dilatação diferentes, sobrepostas, formando uma só peça. Variando-se a temperatura do conjunto, observa-se um encurvamento que é proporcional à temperatura. A lâmina bimetálica é geralmente enrolada em forma de espiral ou hélice, o que aumenta bastante a sensibilidade. O termômetro mais usado é o de lâmina helicoidal, constituído de um tubo bom condutor de calor, no interior do qual é fixado um eixo que, por sua vez, recebe um ponteiro que se desloca sobre uma escala. Normalmente usa-se o invar (aço com 64% Fe e 36% Ni), com baixo coeficiente de dilatação, e o latão ou o alumínio, como metal de alto coeficiente de dilatação.

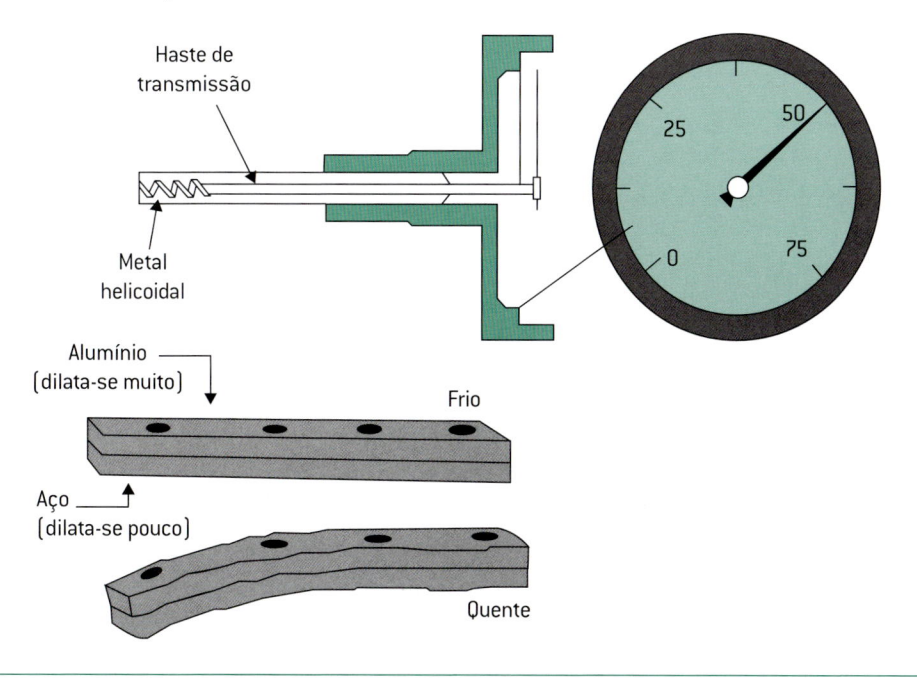

Figura 6.6   Termômetro bimetálico

6.2.2.4 *Termômetro à dilatação de líquido*

Os termômetros à dilatação de líquidos (Figura 6.7) têm como princípio de funcionamento a lei de expansão volumétrica de um líquido dentro de um recipiente. É constituído de um reservatório, cujo tamanho depende da sensibilidade desejada, soldado a um tubo capilar, de seção o mais uniforme possível, fechado na parte superior. O reservatório e parte do capilar são preenchidos por um líquido. A parede do tubo capilar é graduada em graus ou frações. A medição de temperatura se faz pela leitura da escala no ponto em que se tem o topo da coluna líquida. Os líquidos mais usados são: mercúrio, tolueno, álcool e acetona.

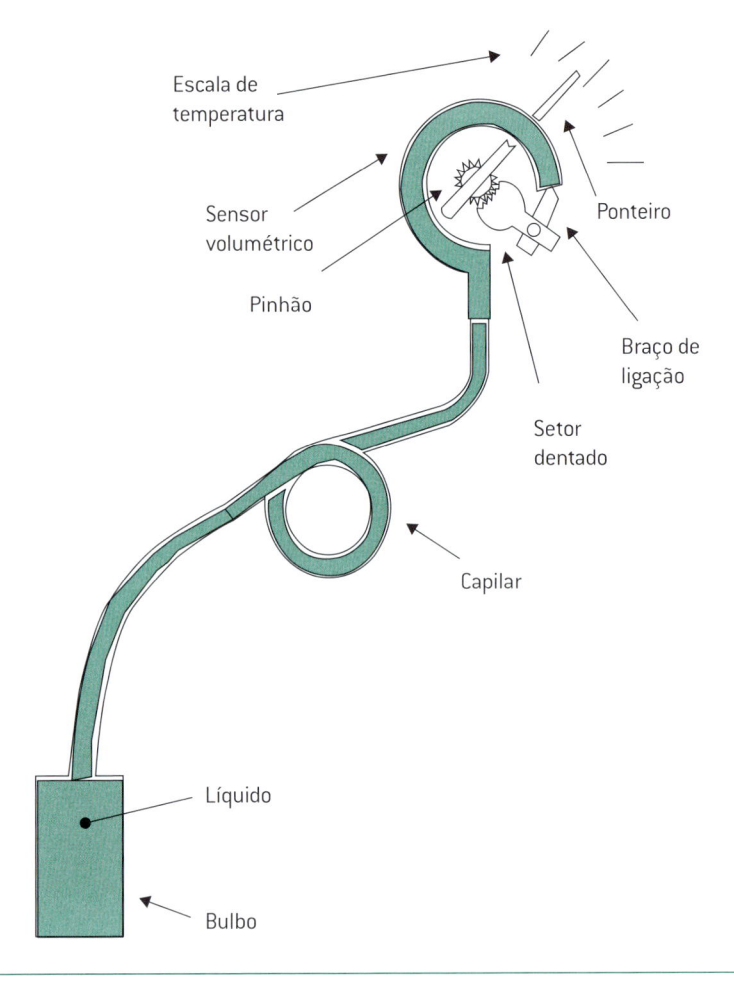

Figura 6.7   Termômetro à dilatação de líquido

6.2.3 Cromatografia

Segundo Schuler [1], cromatografia é um termo genérico aplicado a um processo de separação físico-químico, o qual é baseado principalmente nos fenômenos de adsorção e partição. Esse termo foi escolhido porque as primeiras separações foram realizadas com substâncias coloridas. Entretanto, o processo cromatográfico não é restrito a essa classe de substâncias, constituindo-se na atualidade no método mais eficiente de separação, com aplicações na química analítica qualitativa e quantitativa, para compostos orgânicos e inorgânicos, independentemente de seu estado físico. Basicamente, um cromatógrafo faz a separação dos componentes de uma amostra de gás ou líquido nele injetada, permitindo assim a verificação dos parâmetros de qualidade do gás natural e o cálculo do seu poder calorífico, o que é essencial para a sua medição. Nos tempos de hoje, em que as exigências relativas à qualidade do gás, bem com a exatidão da sua medição, são bastante rigorosas, a cromatografia possui um papel fundamental.

Os cromatógrafos são amplamente usados na indústria do gás natural desde a década de 1950 e vieram a substituir os calorímetros, os quais não possuem, na maioria dos casos, sistemas de aquisição de dados incorporados, dificultando assim a execução de ensaios em quantidades compatíveis com as necessidades dos dias atuais. Os principais componentes de um cromatógrafo são (Figura 6.8) a coluna, o gás de arraste (gás de elevada pureza – geralmente é usado o hélio), um detector (geralmente constituído por elementos termorresistivos que medem as concentrações dos componentes do gás natural tomando como base as suas propriedades térmicas e um sistema de aquisição de dados).

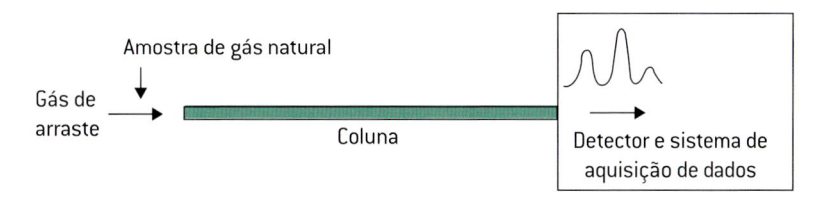

Figura 6.8 Componentes de um cromatógrafo

A parte mais importante do cromatógrafo é a sua coluna (Figura 6.9). Trata-se de um componente de formato tubular muito longo e com seção transversal reduzida (diâmetro na ordem de 0,5 mm), e que é preenchido por pequenas esferas, com dimensão compatível com a poeira. Essas esferas são envolvidas por uma película líquida denominada de fase estacionária.

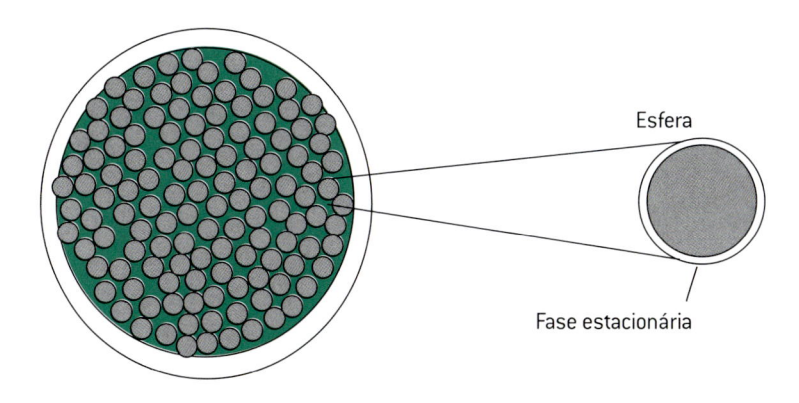

Figura 6.9 Seção transversal da coluna de um cromatógrafo

O cromatógrafo opera da seguinte maneira: uma amostra de um gás de arraste é inicialmente nele injetada e flui continuamente através da coluna. Na ocasião em que uma amostra de gás natural é inserida na coluna, essa amostra é separada nos seus diferentes componentes, cada qual correspondente a um pico do cromatógrafo. O princípio básico responsável por essa separação é a solubilidade variável dos componentes do gás na fase estacionária da coluna. Esse fluido que envolve as esferas absorve o gás natural quando a esfera é submetida a uma atmosfera saturada por esse energético. Entretanto, um fenômeno reverso ocorre (dessorção), quando o fluido contém gás natural e é submetido a uma atmosfera desprovida do gás. Dessa forma, quando a amostra de gás natural é injetada no cromatógrafo, as esferas localizadas no início da coluna são envolvidas por ele, ocorrendo, portanto, uma adsorção. Após determinado período, a amostra é totalmente absorvida, mas o gás continua escoando, ocorrendo então a dessorção, uma vez que a atmosfera local se encontra saturada com gás natural. A solubilidade depende do peso e da compactação das moléculas e, portanto, os fenômenos de absorção e dessorção ocorrem de maneira seletiva. Dessa forma, os componentes da amostra do gás se separam em bandas (Figura 6.10), em intervalos de tempo diferentes, ao saírem da coluna, possibilitando assim a detecção da banda relativa a cada componente da amostra a ser registrado em um sistema de aquisição de dados.

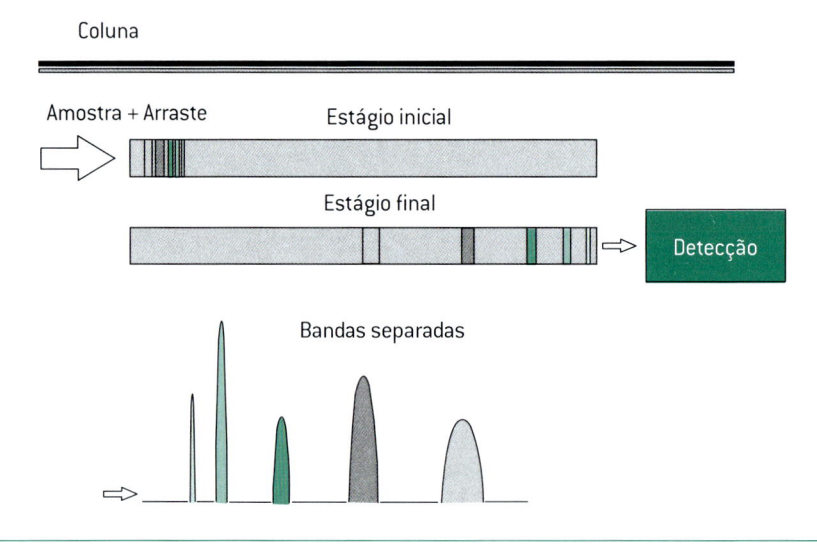

Figura 6.10   Separação dos componentes do gás em bandas

6.3   Aquisição de dados de instrumentos

A necessidade de medição contínua de variáveis é bastante antiga, particularmente na indústria do gás natural. Casos típicos são o monitoramento dos consumos de água e de valores de pressão e temperatura ao longo do tempo. Para tal, se faz necessário um sistema de aquisição de dados. Os primeiros sistemas usados foram as denominadas cartas gráficas, que basicamente se constituem em um instrumento que indica a magnitude de determinada variável, por meio do posicionamento de uma caneta, em uma carta gráfica posicionada em um cilindro móvel (Figura 6.11).

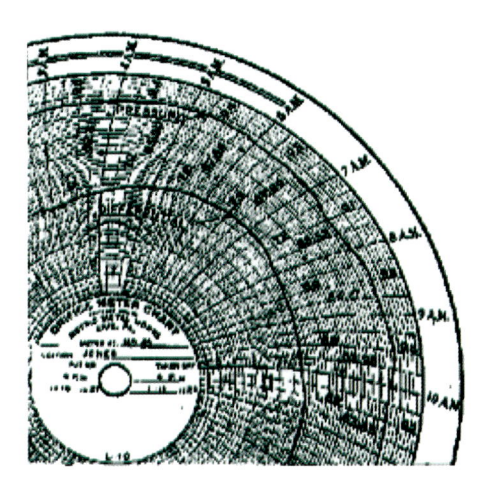

Figura 6.11   Carta gráfica

Atualmente, utilizam-se para essa finalidade os *dataloggers*, que são basicamente instrumentos eletrônicos, normalmente alimentados por baterias que armazenam informações em determinados períodos de tempo para uso posterior. A natureza da informação gravada é determinada pelo usuário. Basicamente, um *datalogger* é constituído pelos componentes:

- microprocessador;
- portas de entrada (analógicas ou digitais);
- conversores analógicos digitais;
- memória para armazenamento de dados Eeprom (Electronically Erasable & Programmable Read Only Memory);
- porta de saída serial para conexão com notebook (RS 232 ou RS 435);
- software aplicativo.

Com a utilização do software aplicativo, os dados armazenados no *datalogger* podem ser coletados com a utilização, por exemplo, de um notebook.

6.4 Conceitos básicos inerentes à medição do gás natural

A seguir, são apresentados alguns conceitos básicos fundamentais ligados à medição.

6.4.1 Incerteza e erro de medição

Segundo o Inmetro [2], a incerteza de medição é um parâmetro associado ao resultado de uma medição que caracteriza a dispersão dos valores que podem ser fundamentadamente atribuídos a um mensurando. Para entendimento desse conceito, se faz necessária a conceituação de outros parâmetros definidos pelo Vocabulário Internacional de Metrolologia [2], como apresentado a seguir.

- Mensurando: objeto da medição. Grandeza específica submetida à medição.
- Exatidão de medição: grau de concordância entre o resultado de uma medição e um valor verdadeiro do mensurando.
- Valor Verdadeiro de uma Grandeza: valor consistente com a definição de uma dada grandeza específica. Trata-se de um valor que seria obtido por uma medição perfeita que, portanto, por natureza, é indeterminado.
- Erro de medição: resultado de uma medição menos o valor verdadeiro do mensurando.
- Erro sistemático: média que resultaria de um infinito número de medições do mesmo mensurando, efetuadas sob condições de repetitividade, menos o valor verdadeiro do mensurando.
- Repetitividade de resultados de medições: grau de concordância entre os resultados de medições sucessivas de um mesmo mensurando efetuadas sob as mesmas condições de medição.

Desses conceitos, concluímos que, tendo em vista que o valor verdadeiro de uma grandeza nunca é conhecido, urge caracterizar a qualidade de um resultado de uma medição, isto é, avaliar e expressar sua incerteza.

O conceito de incerteza como um atributo quantificável é relativamente novo na história da medição, embora erro e análise de erro tenham sido, há muito tempo, uma prática da ciência da medição ou metrologia. É agora amplamente reconhecido que, quando todos os componentes de erro conhecidos ou suspeitos tenham sido avaliados e as correções adequadas tenham sido aplicadas, ainda permanece uma incerteza sobre quão correto é o resultado declarado, isto é, uma dúvida acerca de quão corretamente o resultado da medição representa o valor da grandeza que está sendo medida.

Basicamente, a incerteza do resultado de uma medição reflete a falta de conhecimento exato do valor do mensurando. O resultado de uma medição, após correção dos efeitos sistemáticos reconhecidos, é, ainda, tão somente uma estimativa do valor do mensurando, por causa da incerteza proveniente dos efeitos aleatórios e da correção imperfeita do resultado para efeitos sistemáticos. Na prática, existem muitas fontes possíveis de incerteza, sendo que algumas das que merecem mais atenção são aquelas ligadas ao controle de qualidade dos resultados da calibração dos laboratórios, que afetam a precisão dos medidores. Para o caso de sistemas de medição tipicamente usados em grandes indústrias consumidoras de gás natural, o entendimento desse conceito é fundamental e essa compreensão está diretamente relacionada a consideráveis montantes financeiros.

6.4.2 A conversão do volume do gás natural

A comercialização e a regulamentação do gás natural são feitas basicamente em unidades de volume referidas a uma condição base de pressão, temperatura e valor calorífico (estabelecendo, dessa forma, uma referência de valor energético para o metro cúbico do gás na condição base). O medidor de gás natural típico, no entanto, totaliza somente o volume desse energético nas condições reinantes no local da medição. Sendo o gás natural um fluido compressível, torna-se necessária não somente a estipulação de condições base de pressão, temperatura e valor calorífico para possibilitar a sua medição e tarifação, mas também a adoção de métodos aceitos para realizar a conversão da medição do volume da condição de operação no local para a condição base (ver Figura 6.12).

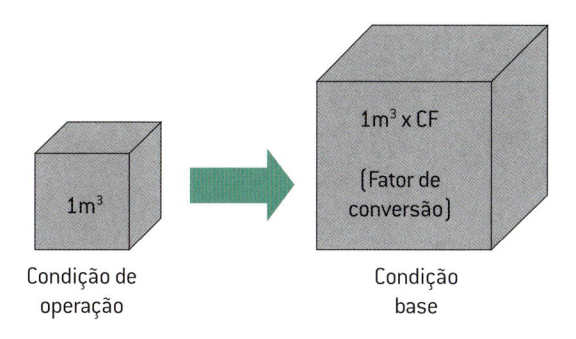

Figura 6.12   Conversão de volume de gás

Basicamente, a relação entre o volume de gás totalizado pelo medidor e a energia é dada por:

$$E = V \times CF \times PC \tag{6.2}$$

Onde:
E é a energia total;
V é o volume nas condições de operação;
CF é o fator de conversão;
PC é o poder calorífico (superior).

O fator de conversão de volume, CF, pode tanto ser um fator fixo calculado como também pode ser obtido por meio da mensuração das variáveis de processo, utilizando-se uma unidade conversora de volume. Em ambos os casos, o cálculo de CF é feito pela aplicação das leis de Boyle e Gay-Lussac, além das metodologias para a determinação do fator de compressibilidade, e é expresso por:

$$CF = \frac{Vb}{C} = \frac{P}{Pb} \times \frac{Tb}{T} \times \frac{Zb}{Z} \tag{6.3}$$

Onde:
Vb é o volume na condição base;
V é o volume nas condições de operação;

Pb é a pressão absoluta na condição base;
P é a pressão absoluta nas condições de operação;
Tb é a temperatura absoluta nas condições base;
T é a temperatura termodinâmica;
Zb é o fator de compressibilidade na condição base;
Z é o fator de compressibilidade nas condições de operação.

Sendo o gás natural distribuído em pressões e temperaturas variáveis em consumidores industriais e comerciais, cujas medições são realizadas com instrumentos de medição e condições de processo diversificados, é de fundamental importância o estabelecimento de metodologias para o cálculo e o monitoramento do fator de conversão de volume de gás levando-se em consideração todas essas aplicações e visando proporcionar subsídios para os contratos de venda de gás natural.

6.5   Medidores de gás natural

6.5.1   Classificação dos medidores de gás natural

6.5.1.1   Classificação quanto ao seu princípio de funcionamento

Os medidores de gás podem ser classificados em duas modalidades quanto ao seu princípio de funcionamento:

▪ **Medidores volumétricos**

São aqueles nos quais algum tipo de restrição é alocada no fluxo de gás, de maneira a propiciar que volumes predeterminados de gás sejam inseridos durante cada ciclo de trabalho do elemento de medição, possibilitando assim a totalização do volume. Exemplos: medidores do tipo rotativo e de diafragma.

▪ **Medidores inferenciais**

São aqueles nos quais a totalização do volume é obtida por meio de uma grandeza inferenciada (conclusão obtida por meio de alguma evidência), por exemplo, velocidade do volume através de uma área conhecida, perda de pressão, velocidade de propagação de uma onda sonora etc. São exemplos as placas de orifício, os medidores ultrassônicos, os medidores tipo turbina etc.

6.5.1.2   Classificação quanto à aplicação

Os medidores de gás podem ser classificados em duas modalidades quanto à sua aplicação:

▪ Transferência de custódia

Exige acompanhamento metrológico governamental, o que implica o atendimento de diversas exigências reguladoras (no caso do Brasil, essas exigências são prescritas pelos regulamentos do Inmetro). São exemplos os medidores do tipo diafragma, turbina, rotativo etc., tipicamente usados pelas concessionárias para o faturamento.

- Controle de processos

Permite a utilização de outros tipos de medidores, não necessariamente submetidos à supervisão metrológica legal, como, por exemplo, rotâmetros, tubos de Pitot, turbinas de inserção etc. Esses medidores são usados, muitas vezes, em processos industriais internos.

6.5.2 Medidores mais aplicados na indústria

Os medidores mais aplicados na indústria são as placas de orifício, o medidor tipo diafragma, o medidor tipo turbina, o medidor tipo rotativo, o medidor tipo ultrassom e o medidor tipo coriolis.

6.5.2.1 Placas de orifício

São constituídas por elementos primários (placas de orifício), que são inseridos na linha de fluxo do fluido, e elementos secundários, tais como transdutores eletrônicos de pressão, que medem os valores dos diferenciais de pressão. Esses transdutores, por sua vez, podem ser acoplados a computadores de vazão, os quais, entre outras funções, permitem a obtenção da totalização do volume de gás.

O princípio do método de medição baseia-se na criação de uma diferença de pressão estática entre o lado a montante e a garganta ou o lado a jusante do elemento. A vazão pode ser determinada a partir do valor medido dessa diferença de pressão, do conhecimento das características do fluido que escoa e de outros parâmetros.

A vazão mássica, dentro dos limites de incerteza estabelecidos pelas normas pertinentes, é calculada pela Equação 6.4.

$$q_m = \frac{C}{\sqrt{1-\beta^4}} \xi \frac{\pi}{4} d^2 \sqrt{2\Delta p \rho_1} \qquad [6.4]$$

Onde:
ξ é o fator de expansão (coeficiente usado para levar em conta a compressibilidade do fluido);
Δp é a perda de carga relativa (razão entre a perda de carga e a pressão diferencial);
β é a relação de diâmetros: $\beta = d/D$;
d é o diâmetro do orifício nas condições de operação;
D é o diâmetro interno do tubo nas condições de operação;
ρ_1 á a massa específica do fluido no plano da tomada de pressão a montante.

Da mesma forma, o valor da vazão volumétrica pode ser calculado pela Equação 6.5.

$$Q_v = \frac{q_m}{\rho} \qquad (6.5)$$

Onde ρ é a massa específica do fluido na temperatura e volume para o qual o volume foi estabelecido.

A Figura 6.13 ilustra um sistema de medição de gás cujo elemento primário é uma placa de orifício.

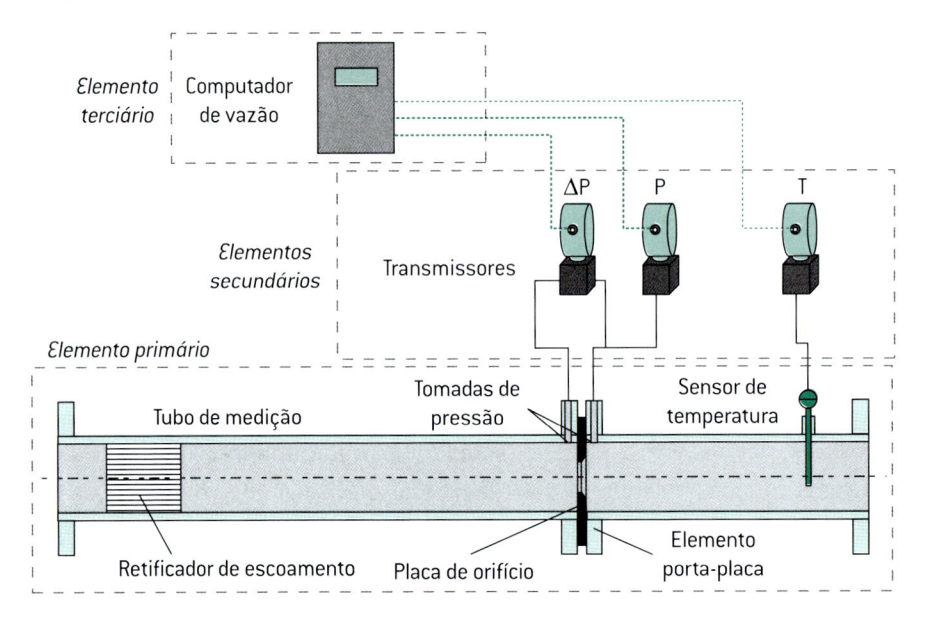

Figura 6.13   Sistema de medição com placa de orifício

6.5.2.2 *Medidor tipo diafragma*

Os medidores de diafragma são usados em instalações comerciais ou industriais com pequenas vazões. São medidores de deslocamento positivo, sendo que o fluido (gás) é subdividido em porções iguais e definidas de um volume conhecido em quatro câmaras constituídas por dois compartimentos divididos ao meio por membranas de borracha sintética. A movimentação destes dois diafragmas está sincronizada com o movimento de duas válvulas, de um redutor, as quais se abrem e fecham alternadamente, possibilitando assim o direcionamento do gás alternadamente para cada uma das câmaras e assegurando a continuidade do movimento. Esse redutor, por sua vez, está acoplado a um mecanismo de relojoaria o qual indica a totalização do volume de gás em m^3.

6.5.2.3 *Medidor tipo turbina*

É geralmente usado para a medição em indústrias. Tratam-se, essencialmente, de medidores de velocidade, os quais possuem no seu interior um rotor (ver

Figura 6.14) projetado com uma configuração aerodinâmica, cuja rotação é proporcional à velocidade do gás que flui no medidor. Um mecanismo de relojoaria é conectado ao rotor por meio de um redutor e de um sistema de transmissão magnética, permitindo assim a totalização do volume de gás.

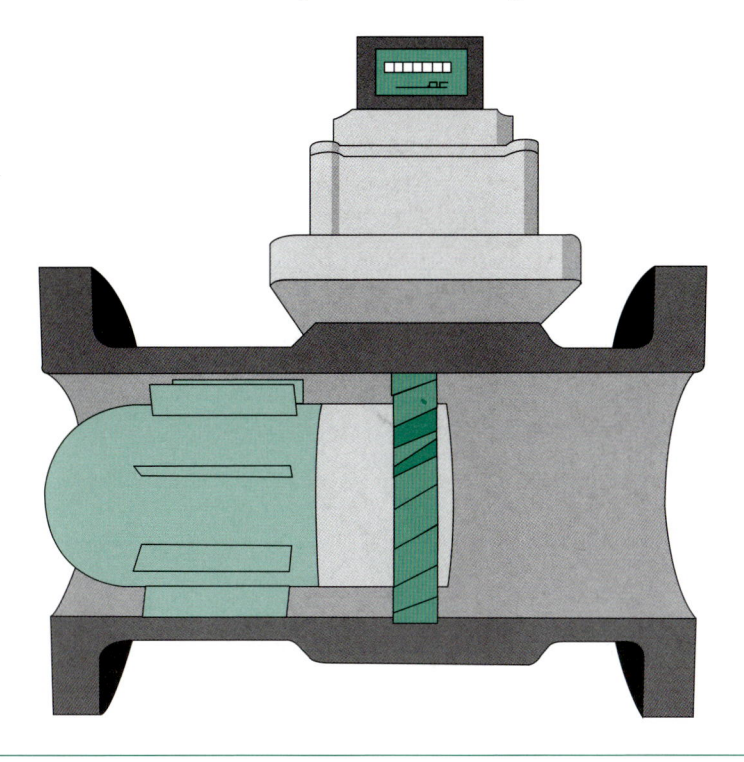

Figura 6.14   Medidor tipo turbina

6.5.2.4 Medidor tipo rotativo

São geralmente usados em postos de GNV, indústrias e grande comércio. Tratam-se de medidores constituídos por quatro câmaras delimitadas por dois elementos rotativos (ver Figura 6.15), sendo os seus movimentos transmitidos a um mecanismo de relojoaria, o qual totaliza o volume de gás em m^3.

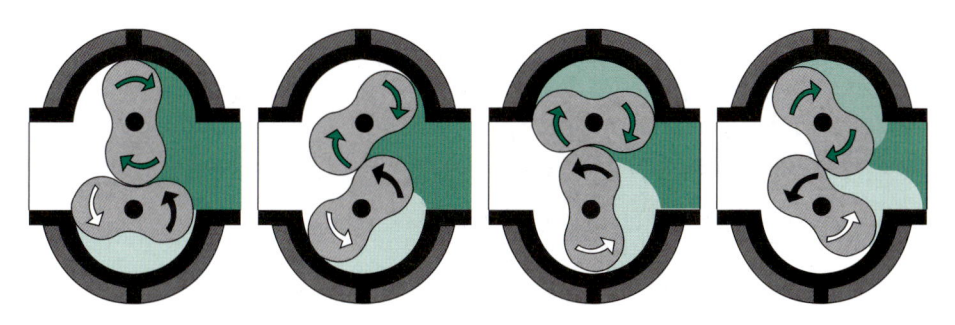

Figura 6.15   Medidor tipo rotativo

6.5.2.5 *Medidor tipo ultrassom*

É usado para grandes vazões. Nesse tipo de medidor, a medição da vazão é executada por meio da obtenção do tempo de trânsito que um sinal ultrassônico leva para percorrer a distância compreendida entre dois transdutores, posicionados obliquamente na tubulação (Figura 6.16). Esses transdutores, por sua vez, podem ser acoplados a computadores de vazão, os quais permitem, entre outras funções, a obtenção da totalização do volume de gás.

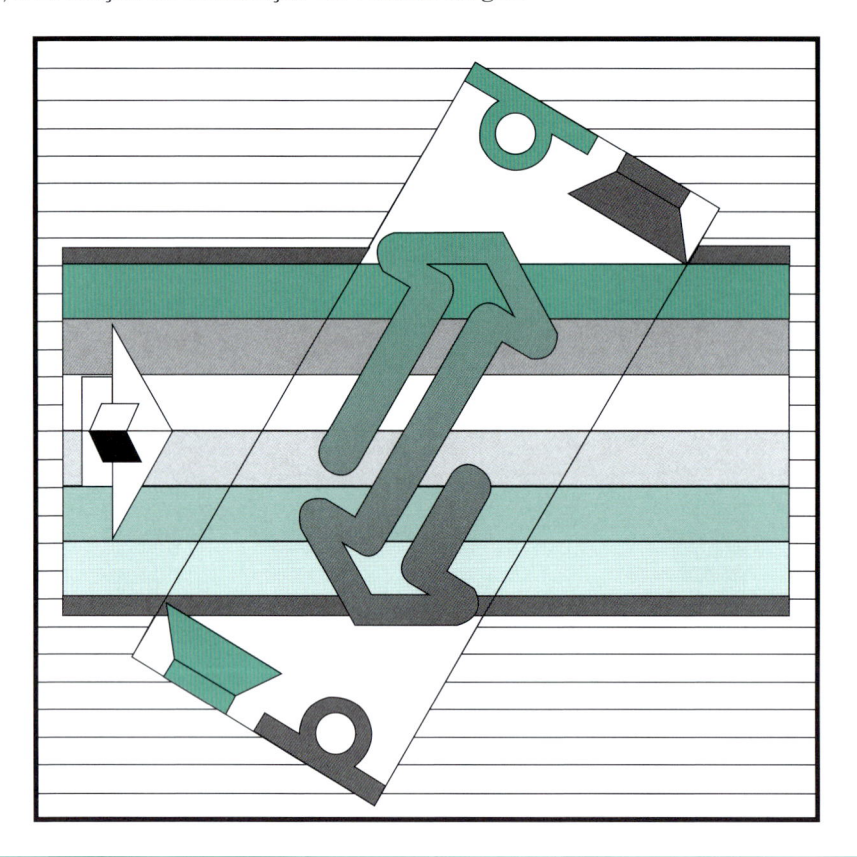

Figura 6.16   Medidor tipo ultrassom

6.5.2.6 *Medidor tipo coriolis*

É usado nos *dispensers* dos postos de GNV para a medição do gás a alta pressão (200 bar). Consiste em um tubo em "U" que vibra, sendo que por ele escoa o fluido a ser medido (Figura 6.17). A passagem do fluído produz um movimento torcional, ocasionado pela aceleração de coriolis por causa da forma do tubo. A amplitude desse movimento é proporcional à vazão em massa. As forças de coriolis atuantes no tubo em forma de "U" possuem sentidos opostos nas duas metades do seu percurso, ocasionando um ângulo de torção. Sensores de proximidade medem esse ângulo, o qual é proporcional à vazão mássica.

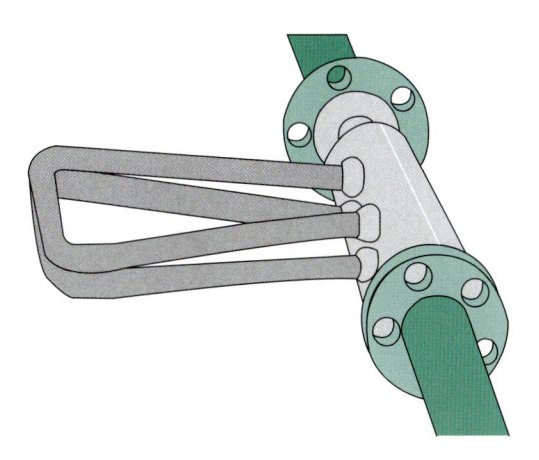

Figura 6.17 Medidor do tipo coriolis

6.6 Unidades de conversão de volume de gás

Os conversores de volume, segundo a AGA [3], são usados desde os anos 1920 para a conversão do volume de gás na condição de medição para a condição base. Inicialmente, eram utilizadas cartas gráficas (tais como a descrita na Seção 6.3) para registrar as pressões ao longo do tempo e possibilitar a obtenção do volume de gás convertido em função da pressão. Na década de 1950 surgiram os conversores de volume mecânicos que eram basicamente instrumentos providos de totalizadores para a indicação do volume na condição base, e que realizavam a conversão do volume de gás em função das variações de pressão e temperatura. Posteriormente, ocorreram melhorias nesses instrumentos, tais como a faculdade de conversão da compressiblidade e a incorporação de geradores de pulsos para a sua conexão com sistemas de telemetria.

No início dos anos 1970 surgiram os sistemas de automação, tais como os sistemas Scada; no entanto, naquela época, sob o ponto de vista econômico, ainda não era viável a utilização da eletrônica para aplicações inerentes à conversão de volumes gás em indústrias e no grande comércio. Com o passar do tempo e os avanços da eletrônica, essa situação mudou e, atualmente, os conversores de volume microprocessados são os únicos utilizados. Embora não definidas claramente nas normas internacionais, existem basicamente duas modalidades de unidades conversoras de volume:

- Conversores de volume do tipo PTZ – instrumentos microprocessados que convertem o volume de gás diretamente às condições base, inspirados nos antigos conversores mecânicos usados nos Estados Unidos.
- Computadores de vazão – instrumento típico de automação que migrou para a utilização em sistemas de medição de empresas de gás, tais como o uso conjuminado a placas de orifício e medidores tipo ultrassom (grandes vazões).

6.6.1 Conversores de volume de gás do tipo PTZ

Os conversores de volume de gás do tipo PTZ são basicamente versáteis e compactos *dataloggers* (ver Seção 6.3), geralmente alimentados por bateria, que se utilizam dos pulsos gerados pelos medidores volumétricos e dos sinais de pressão e temperatura oriundos dos respectivos transdutores dessas grandezas. Esses aparelhos realizam a conversão do volume de gás para as condições base, levando em conta a compressibilidade, o que é realizado por meio da inserção, como parâmetros de configuração, de grandezas relacionadas às propriedades físicas do gás em questão.

De acordo com Equação 6.6, temos:

$$CF = \frac{Vb}{V} = \frac{P}{Pb} \times \frac{Tb}{T} \times \frac{Zb}{Z} \qquad (6.6)$$

ou

$$Vb = V \times CF \qquad (6.7)$$

Os conversores de volume de gás do tipo PTZ inicialmente processam incrementos de volume de gás oriundos da totalização de pulsos dos medidores (V) e, posteriormente, a conversão do volume, levando em conta as variações de pressão, temperatura e compressibilidade para a obtenção de Vb. Algumas funções típicas dos conversores de volume tipo PTZ são:

- armazenam informações (*datalogger*) tais como dados relativos a P, T, V etc.;
- possibilidade de leitura remota (com modem);
- fornecem alarmes *on-line* tais como pressão alta;
- consumo limitado de energia (segurança intrínseca) o que limita suas funções.

6.6.2 Computadores de vazão

Segundo a NBR 14978 [4], os computadores de vazão são processadores associados a uma unidade de memória que recebem sinais elétricos convertidos que representam variáveis do sistema de medição de gás (pressão estática, pressão diferencial, temperatura, pulsos etc.) e que executa cálculos objetivando disponibilizar vazões e totalizações. Esses cálculos são elaborados por meio de algoritmos, tanto para o cálculo da medição por meio de diferencial de pressão (placa de orifício), como também para medidores lineares (turbina e ultrassom). Esses algoritmos preconizam sistemáticas de amostragem, metodologias de cálculo e técnicas de estabelecimento de valores médios representativos, e integram variáveis que facultam o cálculo das vazões e volumes transacionados de gás. Os computadores de vazão incorporam todas as funções dos conversores de volume tipo PTZ e outras mais, tais como:

- Proporcionam maior flexibilidade para instalação de portas de entrada e saída. Adaptam-se com facilidade à sistemas tipo Scada.
- Podem operar acoplados a transdutores diferençais de pressão de placas de orifício e a cromatógrafos *on-line*.
- São geralmente instalados fora da área classificada.

6.7 Referências bibliográficas

[1] SCHULER, Alexandre. **Cromatografia a gás e a líquido**. 2009. Apostila. Universidade Federal de Pernambuco – Departamento de Engenharia Química. Recife, 2009. 78 p.

[2] INSTITUTO NACIONAL DE METROLOGIA, NORMALIZAÇÃO E QUALIDADE INDUSTRIAL – Inmetro. **Portaria n. 029. Vocabulário Internacional de Termos Fundamentais e Gerais de Metrologia – VIM**. Rio de Janeiro, 1995.

[3] AMERICAN GAS ASSOCIATION – AGA. **Gas measurement manual – Eletronic corrector – Part N. Fifteen – Cat N0 XQ 9901**. Washington DC, Estados Unidos, 1999.

[4] ASSOCIAÇÃO BRASILEIRA DE NORMAS TÉCNICAS – ABNT. **NBR 14978 – Medição eletrônica de gás – Computadores de vazão**. Rio de Janeiro, 2002. 37 p.

Aplicação no setor industrial e do grande comércio

7.1 Introdução

Neste capítulo serão descritas as principais aplicações do gás natural nos mercados da indústria e do grande comércio. No que tange à indústria, as aplicações foram classificadas por segmento industrial, tendo em vista a diversidade de usos e o fato de os principais equipamentos usados, que são os sistemas de combustão e os queimadores, terem sido abordados no Capítulo 5. Para o caso do grande comércio, são descritos alguns dos principais equipamentos usados. Para as aplicações ligadas à cogeração e à climatização, são dedicadas subseções específicas, tendo em vista as suas particularidades e o fato de poderem ser usadas tanto na indústria como também no grande comércio.

7.2 Aplicações na indústria

O uso do gás natural na indústria tem aplicação em muitos segmentos. A Figura 7.1 ilustra a participação de cada segmento de mercado no ano de 2008 na área de concessão da Comgás.

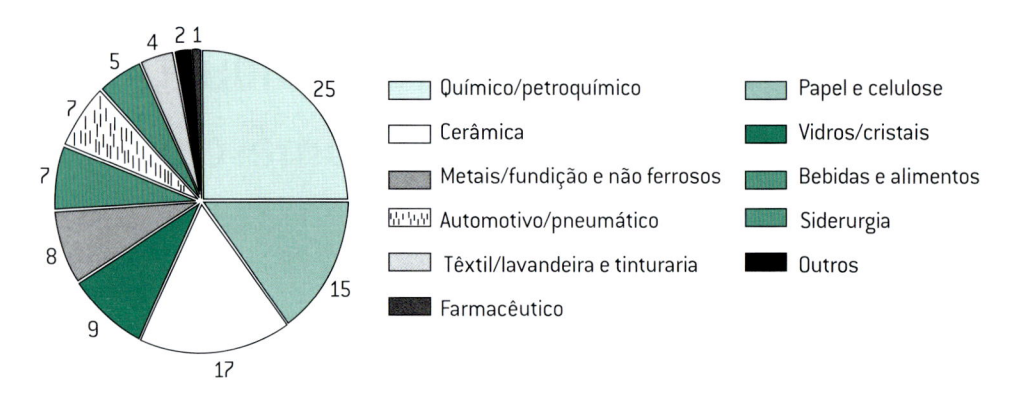

Figura 7.1   Setor industrial do gás natural na área da Comgás: participação percentual por segmento

FONTE: Comgás [1].

7.2.1   Aplicação na indústria automobilística

O gás natural tem substancial participação na indústria automobilística, sendo utilizado na geração de calor e em processos como aquecimento de banhos e fluidos térmicos, fundição e secagem de pintura em estufas.

No processo da secagem de pintura, há ganho de qualidade no produto final, já que o gás natural é um energético limpo que não contamina as matérias-primas utilizadas nessa fase de produção, em virtude da quase inexistência de enxofre. Atualmente, o gás natural é bastante utilizado na queima direta, proporcionando um produto final de melhor qualidade e com uso mais racional de energia. Além das vantagens técnicas, há facilidade na obtenção dos certificados de qualidade ambiental.

A indústria automobilística é intensiva no uso de energia, já que é uma grande consumidora de vapor/calor. Derivados de petróleo e eletricidade são fontes de energia tradicionalmente utilizadas. Nos últimos anos, o gás natural vem substituindo os derivados e até parte da eletricidade utilizada no aquecimento.

O gás natural é utilizado nos principais equipamentos desse segmento: geradores de vapor (caldeiras), ar quente (estufas), aquecedores de fluido, fornos de fundição e incineradores.

7.2.2   Aplicação na indústria de alimentos e bebidas

O gás natural participa de vários processos nas indústrias de alimentos e bebidas. A alta demanda de energia térmica desse segmento pode ser suprida por meio do uso do gás natural, muito utilizado na secagem, refino, cocção, torrefação, panificação, pasteurização, destilação e lavagem.

No processo de produção de alimentos, há ganho extraordinário na qualidade do produto final, pois o gás natural é um energético limpo que não contamina as matérias-primas. Na fabricação de bebidas, é indicado como agente para fervura ou pasteurização da cerveja, destilação e lavagem de garrafas, e como combustível de plantas de cogeração.

A indústria alimentícia é grande consumidora de vapor. Derivados de petróleo e eletricidade são fontes de energia tradicionalmente utilizadas. Nos últimos anos, o gás natural vem substituindo os derivados e até parte da eletricidade utilizada no aquecimento.

O gás natural é utilizado nos principais equipamentos desse segmento: fornos, caldeiras, estufas, secadores, autoclaves e sistemas de refrigeração.

7.2.3 Aplicação nas indústrias química e petroquímica

Na indústria química, o gás natural é utilizado para geração de vapor e em processos como fabricação de hidrogênio e aquecimento de fluido térmico. Além de aplicações convencionais para indústria química, o gás natural pode ser utilizado na cogeração de energia, por causa da elevada quantidade de energia térmica e elétrica utilizada pelo setor.

O gás natural é utilizado nos principais equipamentos desse segmento: caldeiras, fornos e incineradores. A indústria química necessita de grande quantidade de vapor para fabricação de produtos intermediários ou finais. O gás natural pode substituir com vantagens os derivados de petróleo e parte da eletricidade utilizada no aquecimento.

7.2.4 Aplicação na indústria vidreira

No processo de produção de vidro, o gás natural está presente desde a fusão até o alívio de tensões. Na fase de acabamento, quando são utilizados fornos de recozimento e acabamento, o gás natural proporciona maior economia, porque não necessita estocagem e elimina despesas com fretes e custos associados à área física de armazenagem.

O gás natural é utilizado nos principais equipamentos dessa indústria: forno de fusão, forno de têmpera, requeima e linha de choque térmico. Pode também ser aplicado em outros equipamentos, como estufas, geradores elétricos e empilhadeiras.

Os fornos de fusão e de tratamento térmico, destinados ao aquecimento, respondem por 70% do consumo de energia no processo de produção de vidro. Com o uso do gás natural, a vida útil e a produtividade dos fornos aumentam significativamente: o gás natural não contém contaminantes que atacam os refratários, o que reduz a necessidade de paradas para manutenção.

Em comparação com a energia elétrica, o uso do gás natural aumenta a produtividade dos fornos consideravelmente, já que há mais velocidade e homogeneidade no aquecimento. Isso faz com que o produto permaneça menos tempo no forno e os custos sejam reduzidos.

7.2.5   Aplicação na indústria têxtil

Na indústria têxtil, o gás natural pode suprir cerca de 90% das necessidades energéticas para a produção de vapor e de água quente.

Utilizado nas caldeiras para o tingimento nas ramas (teares), o gás natural proporciona extraordinário ganho de eficiência na qualidade do produto final: como um energético limpo, não contamina as matérias-primas utilizadas nessa fase da produção.

O segmento têxtil exige temperatura e funcionamento contínuos. Para o processo de chamuscar o tecido, no qual os excessos de fios são queimados, é necessária uma chama regulada e de altura uniforme – qualidades fornecidas pelo gás natural.

Outros equipamentos e processos desse segmento requerem precisão de fornecimento, tais como calandras, ramas, e para impermeabilização, vinco permanente e fixação das fibras artificiais. O gás natural é muito utilizado também para gerar vapor para alimentação de instalações de sanfonização e lavagem a seco.

O setor têxtil tem sido pioneiro na utilização de sistemas de cogeração, em virtude das elevadas necessidades energéticas de seus processos. Os custos com energia podem chegar entre 6 a 8% dos custos totais. Esse valor pode até exceder a 15% nos processos de tinturaria, acabamento e estamparia.

7.2.6   Aplicação na siderurgia

Na indústria siderúrgica, o gás natural está presente em processos de obtenção do aço nas usinas integradas, coqueria, alto-forno, aciaria e laminação.

Na fase de acabamento, o gás natural é um energético muito mais econômico. Na fase de recuperação, reaquecimento e escarfagem de lingotes e tarugos, o produto também é muito utilizado e tem uma importância fundamental.

O gás natural é utilizado nos principais equipamentos desse segmento: forno de fusão, de têmpera, de reaquecimento, secadores, fornalhas e em caldeiras.

Os fornos de fusão e de tratamento térmico, destinados ao aquecimento, respondem por grande consumo de energia no processo de fabricação do aço. O gás natural proporciona mais velocidade e homogeneidade no aquecimento, diminuindo o tempo de permanência nos fornos e, consequentemente, os custos.

Com o uso desse produto, a vida útil e a produtividade dos fornos de fusão e tratamento térmico também aumentam significativamente.

7.2.7   Aplicação na indústria de borracha

Na indústria de borracha, o gás natural é utilizado para geração de vapor, transformação da borracha por meio de vulcanização e variados tipos de aquecimentos e outros processos.

Além de aplicações convencionais para a indústria, esse energético pode ser usado para cogeração, já que esse é um setor que necessita de elevada quantidade de energia térmica e elétrica.

O gás natural é utilizado nos principais equipamentos desse segmento: fornos, caldeiras, estufas, mas pode também estar presente em outros equipamentos. Com o uso do gás natural, há ganho de manutenção de peças, tempo e homens-hora.

7.2.8 Aplicação na indústria metalúrgica

No segmento metalúrgico, o gás natural está presente em todos os processos, desde a fundição até o alívio de tensões e tratamentos termoquímicos.

Na fase de acabamento, em que são utilizados fornos de recozimento e acabamento, há a possibilidade do uso de dois combustíveis: gás natural e GLP. Como para outros setores industriais, também para a indústria metalúrgica o produto é um energético muito mais econômico por não necessitar de estocagem, eliminando despesas com fretes e custos associados a armazenagem. Aqui também ele se destaca quanto à segurança por dissipar-se rapidamente em casos de vazamento.

Na indústria metalúrgica, os fornos devem ser aquecidos a elevadas temperaturas, e há muita necessidade da utilização de vapor. Nos últimos anos, o gás natural vem substituindo os derivados de petróleo e energia elétrica em fornos de tratamento térmico, fornos de fusão, geradores de atmosfera, estufas de secagem de machos, *shell molding*, secadores de areia, caldeiras e estufas.

Com o uso do gás natural, a vida útil dos fornos aumenta significativamente, já que o gás natural não tem contaminantes que poderiam atacar os refratários do forno.

Nas caldeiras, a substituição do óleo combustível por gás natural traz ainda vantagens adicionais decorrentes de aspectos operacionais e da diminuição de manutenção do equipamento.

7.2.9 Aplicação na indústria cerâmica

O gás natural tem importância fundamental na fabricação de pisos e revestimentos cerâmicos. Está presente em todas as fases do processo, desde a secagem da matéria-prima até a queima do esmalte. O produto proporciona um ganho extraordinário na qualidade do produto final. Além de ser um energético mais econômico, não necessita estocagem, reduz custos de manutenção e oferece mais segurança.

O gás natural é utilizado nos principais equipamentos da indústria cerâmica, tais como: secadores de argila, atomizadores, secadores de biscoito (piso já prensado) e fornos.

7.2.10 Aplicação na indústria de papel e celulose

A indústria de papel é uma grande consumidora de vapor para o processo de produção de celulose e papel. Nos últimos anos, o gás natural vem substituindo os derivados de petróleo e até parte da eletricidade utilizados no aquecimento.

Na indústria de papel, o produto está presente na proporção de 90% na geração de vapor e 10% em outros processos, como secagem e acabamento. O gás natural também pode ser usado para cogeração, em virtude das elevadas necessidades de energia térmica e elétrica desse setor.

O energético é utilizado nos principais equipamentos dessa indústria: caldeiras de força (que o utilizam somente como combustível); recuperação química (que utiliza subproduto do processo); biomassa (resíduos de madeira); capotas de secagem de papel; fornos de cal e incineradores. Seu uso é possível também em outros equipamentos como estufas, geradores elétricos e até mesmo empilhadeiras.

7.2.11 O uso do gás natural como matéria-prima na indústria

Nessa aplicação, a qual se diferencia significativamente das anteriores, o gás natural não é utilizado como energético. Tratam-se de processos físico-químicos, em que parte dos hidrocarbonetos do gás natural é transformada em outros produtos finais. Exemplos dessa transformação são os produtos: eteno, propeno, metanol, ureia, amônia, CO, hidrogênio, oxo-alcoóis, carbonatos, peróxido de hidrogênio. Esses produtos têm aplicação em importantes setores industriais, tais como: índústria automobilística, alimentícia e de borracha, embalagens, calçados, móveis, têxtil, perfumaria, tintas plastificantes e construção civil, sendo considerado como um dos usos mais nobres do gás natural.

7.3   Aplicações no grande comércio

O setor do grande comércio engloba uma diversidade de segmentos, tais como hospitais, clubes e academias, hotéis, motéis, shopping centers, escolas, faculdades, universidades, empresas do setor alimentício etc. A seguir, estão descritos os principais equipamentos utilizados, de acordo com a Comgás [2].

7.3.1   Equipamentos tipicamente usados no segmento do grande comércio

A seguir são descritos resumidamente alguns equipamentos usados no grande comércio.

7.3.1.1   *Calandra*

Equipamento utilizado em lavanderias, cuja função é passar e secar a o tecido ao mesmo tempo. É constituída de rolo(s) que gira(m) dentro de calhas fixas. A roupa passada sob pressão entre a calha aquecida e o(s) rolo(s) giratório(s) seca e desenruga simultaneamente. Normalmente, é utilizado para tecidos planos como lençóis e fronhas. Esses equipamentos são providos de dispositivo de desligamento automático, evitando assim acidentes com as mãos do operador.

7.3.1.2 Aquecedor de ambiente

Aparelho que gera calor por irradiação aquecendo o ar diretamente por meio da queima do gás natural. Pode ser utilizado em ambientes fechados desde que sua instalação siga integralmente as normas aplicáveis. Alguns modelos possuem umidificador com reservatório de água.

7.3.1.3 Gerador a vapor

Equipamento descrito no Capítulo 5, Seção 5.4.2, e que pode ser usado na preparação de alimentos – cozimento, autoclaves (esterilização), aquecimento de água para consumo sanitário, calefação de ambientes etc.

7.3.1.4 Outros equipamentos

Outros equipamentos são usados no setor do grande comércio, tais como geradores de energia elétrica, secadoras de roupa, máquinas de lavar roupa pré-misturadores de água, centrais de água quente, fritadeiras, chapas quentes, *Char broiler* (equipamento utilizado para grelhar carnes brancas e vermelhas, preservando as propriedades nutricionais do alimento e sem utilização de óleo no processo), caldeiras murais (equipamento que engloba dois circuitos distintos num só corpo compacto, pouco maior que um aquecedor de água de passagem, e que podem trabalhar de forma simultânea), aquecedor de água de passagem, aquecedores de piscina etc.

7.4 Uso do gás natural na cogeração

Segundo Moisés *apud* Balestieri [3], a melhor definição que se pode dar para a cogeração é a produção simultânea de diferentes formas de energia útil, como energia eletromecânica e térmica, para suprir as necessidades de uma unidade de processo, a partir de uma mesma fonte energética primária. Trata-se, portanto, da geração de duas ou mais formas de energia, a partir de uma mesma fonte de energia primária. Ela valoriza, da melhor maneira, a energia de cada combustível, transformando-a para outras formas de energia e minimizando os efeitos da segunda lei da termodinâmica, que anuncia uma perda obrigatória na transformação de uma forma de energia em outra. A intenção principal da cogeração é obter um melhor uso dos combustíveis primários, razão pela qual é considerada, nos programas de economia da energia, como uma alternativa fundamental.

Segundo a Cogenrio [4], no máximo 40% da energia de um combustível, como o diesel, por exemplo, pode ser transformada em energia elétrica em um gerador, uma vez que, por mais eficiente que seja um gerador termoelétrico, a maior parte da energia contida no combustível usado para seu acionamento é transformada em calor e perdida para o meio ambiente. Trata-se de uma limitação física que independe do tipo de combustível (diesel, gás natural, carvão etc.) ou do motor (a explosão, turbina a gás etc.).

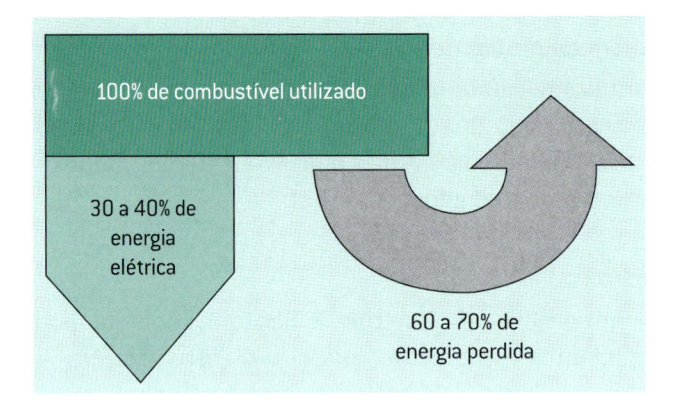

Figura 7.2   Gerador termoelétrico tradicional

FONTE: Cogenrio [4]

Como muitas indústrias e prédios comerciais necessitam de calor (vapor ou água quente), foi desenvolvida uma tecnologia denominada cogeração, em que o calor produzido na geração elétrica é usado no processo produtivo sob a forma de vapor. A vantagem dessa solução é que o consumidor economiza o combustível de que necessitaria para produzir o calor do processo. A eficiência energética é, dessa forma, bem mais elevada, por tornar útil até 85% da energia do combustível (Figura 7.3).

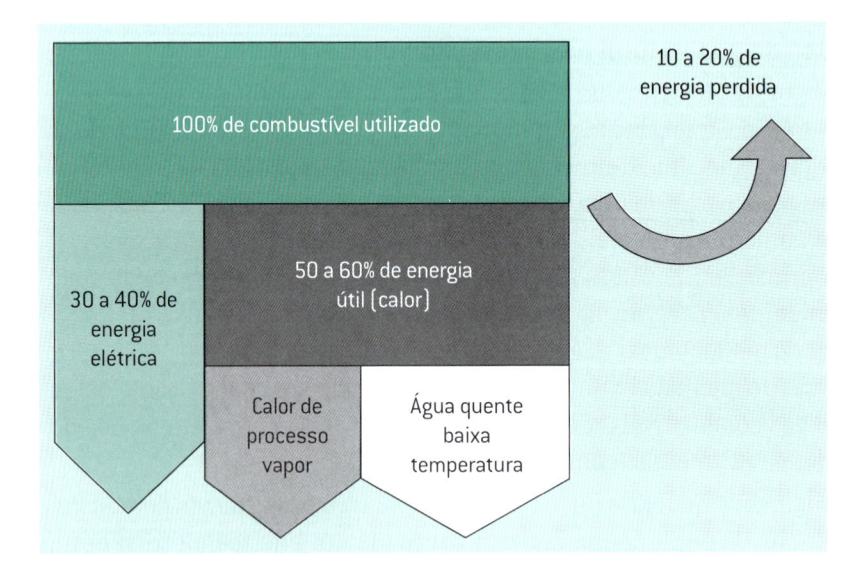

Figura 7.3   Gerador termoelétrico com cogeração

FONTE: Cogenrio [4].

Segundo Palomino [5], os sistemas de cogeração podem ser classificados de acordo com a ordem de produção de eletricidade e energia térmica. Eles podem ser:

- ciclos superiores (*Topping Cycles*);
- ciclos inferiores (*Bottoming Cycles*).

Os ciclos superiores de cogeração, que são mais frequentes, ocorrem quando uma fonte de energia (como o gás natural, diesel, carvão ou outro combustível) é diretamente usada para a geração de energia elétrica no primeiro passo. A partir da energia química do combustível se obtém um fluido quente que é usado para gerar energia mecânica. A energia térmica resultante, ou calor residual, seja como vapor ou gases quentes, é utilizada em outros processos, que é o segundo passo.

Nos ciclos inferiores, a energia primária é diretamente usada para satisfazer as exigências térmicas do processo. A energia térmica residual, ou de desperdício, será usada para a geração de energia elétrica no segundo passo.

Outra classificação geralmente empregada para os sistemas de cogeração é a que está baseada no tipo de equipamento gerador da energia elétrica, ou seja:

- cogeração com turbina a vapor;
- cogeração com turbina a gás;
- cogeração com ciclo combinado;
- cogeração com motor alternativo.

7.4.1 Modalidades de cogeração

Abaixo são discriminadas as principais molalidades de cogeração.

7.4.1.1 *Cogeração com turbina a vapor*

Segundo Moisés [3], o ciclo Rankine ou a vapor (Figura 7.4) é utilizado quando da existência de caldeiras aquatubulares de média e alta pressão de vapor, acopladas a turbinas a vapor (condensação e extração) ou turbinas de contrapressão. Esse sistema é bastante utilizado no País, principalmente pelas usinas de cana-de-açúcar e grandes indústrias que geram muita biomassa em seus projetos produtivos. A grande maioria de seus equipamentos é de fabricação nacional, facilitando sua operação.

Nesse sistema, a energia mecânica é obtida pela turbina por meio da expansão de vapor de alta pressão, gerado em uma caldeira convencional. Segundo Conae *apud* Palomino [5], sob esse sistema o rendimento térmico é menor que na turbina a gás, porém a eficiência global do sistema é mais alta (85% a 90%).

Segundo Hovarth [6], as turbinas a vapor são divididas nos tipos descritos a seguir, podendo ainda apresentar estágio único ou vários estágios:

- Contrapressão – o vapor, após expandir-se na turbina, é destinado a algum outro processo ou liberado para a atmosfera. É o tipo de turbina mais simples e é utilizada principalmente em circuitos de cogeração (REIS, 2003; MOREIRA, 2005, *apud* Hovarth [6]).
- Extração-contrapressão – tipo no qual os processos a jusante da turbina operam em mais de um nível de pressão, adotando-se turbinas com extração do vapor. Existem sistemas com extrações controladas (válvulas de controle) e outros em que a vazão de extração é função das condições de escoamento na turbina e pressões de processo. (REIS, 2003; MOREIRA, 2005, *apud* HOVARTH [6]).
- Extração-condensação – o vapor, após deixar a turbina, cede calor em um condensador, trocando de fases e sendo novamente bombeado à caldeira. A turbina pode apresentar extração de vapor para processo. Nesse sistema, a flexibilidade de operação é muito maior e o condensador absorve a variação de carga, quer na demanda de energia elétrica, quer na demanda de vapor para processo (REIS, 2003; MOREIRA, 2005, *apud* HOVARTH [6]).

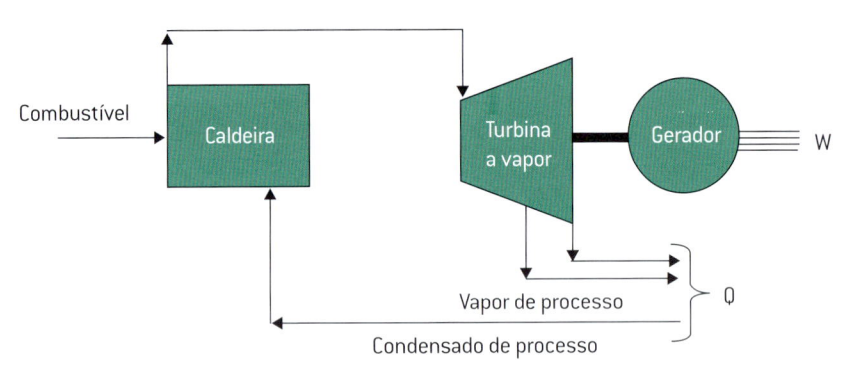

Figura 7.4   Cogeração com turbina a vapor

FONTE: Palomino [5].

7.4.1.2   *Cogeração com turbina a gás*

Segundo Sala *apud* Palomino [5], o primeiro intento sério de fabricar turbina a gás (TG) em produções industriais teve lugar em princípios do século passado. Em 1905, uma companhia inglesa fabricou uma TG de 400 CV com uma relação de compressão de 4,8:1, funcionando a 4.250 rpm. Porém, o maior avanço na tecnologia das TG ocorreu ao final da Segunda Guerra Mundial.

Nesse sistema, o combustível é queimado em uma câmara de combustão, da qual os gases gerados são introduzidos na turbina, para converterem-se em energia mecânica, que poderá ser transformada em energia elétrica por meio de um gerador. Os gases de escape têm uma temperatura de 400 a 650 °C. Esses gases são relativamente limpos e podem ser utilizados diretamente nos processos posteriores. Os gases de escape, por causa de sua alta temperatura, são empregados para produzir outro fluido quente como vapor ou água quente, conforme Figura 7.5.

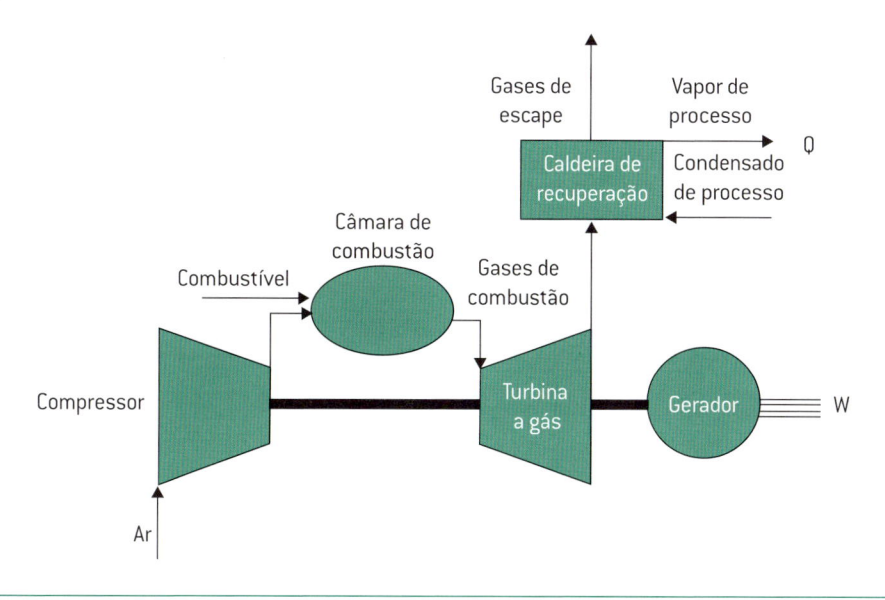

Figura 7.5 Cogeração com turbina a gás

FONTE: Palomino [5].

7.4.1.3 Cogeração com ciclo combinado

Na cogeração com ciclo combinado é utilizada uma turbina a gás ou um motor que é acoplado a um gerador para gerar energia eletromecânica. Os gases do escape são reaproveitados em uma caldeira de recuperação, retirando energia térmica, como é mostrado na Figura 7.6. Esse ciclo, segundo Moisés [2], além de ser o mais eficiente, é o mais completo e o que melhor utiliza os conceitos termodinâmicos. Do sistema de refrigeração do motor ou da turbina, retira-se mais energia térmica que será reaproveitada em equipamentos do processo. Além dessa maior recuperação, utiliza-se uma turbina a vapor para retirar mais energia eletromecânica do vapor gerado pela caldeira de recuperação. Na Figura 7.6, pode-se observar a disposição dos componentes em uma planta de cogeração. Essa disposição pode ser classificada conforme a sequência do fluxo de calor e sua conversão em energia eletromecânica. O ciclo *topping* produz energia mecânica em uma máquina térmica e direciona o rejeito de calor a outro processo do sistema. No ciclo *bottoming* ocorre o inverso: aproveita-se a energia do processo para gerar energia eletromecânica.

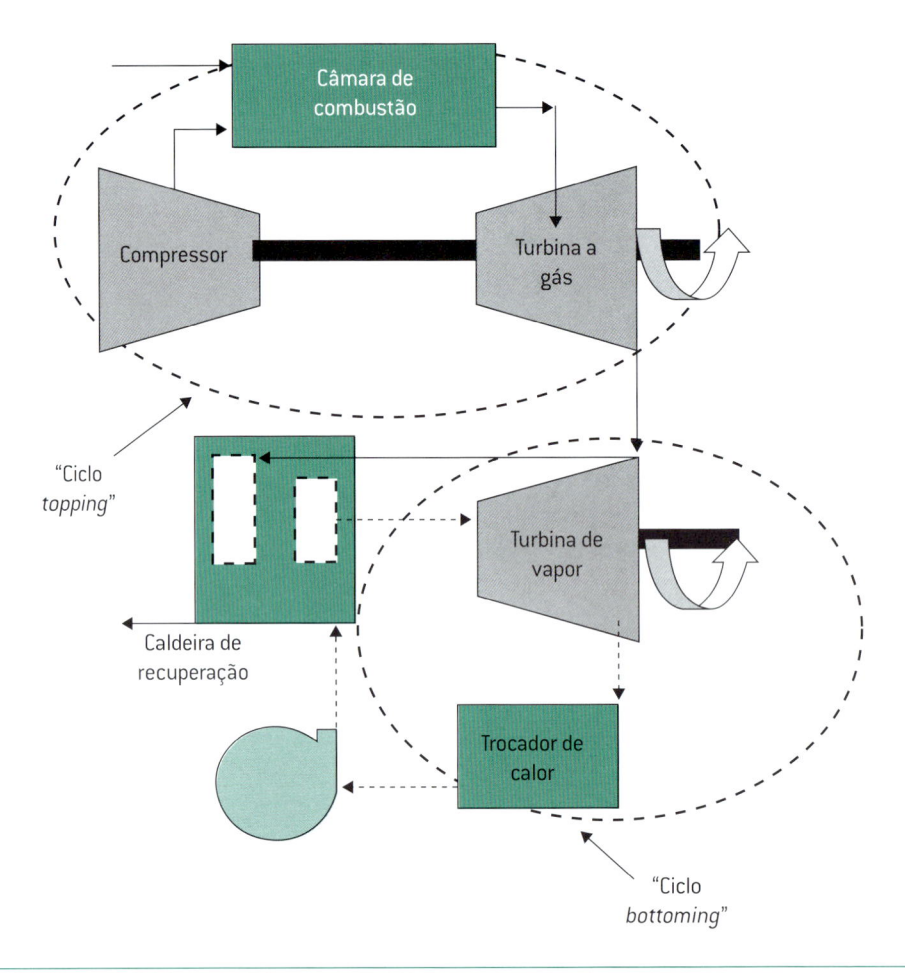

Figura 7.6   Cogeração com ciclo combinado

FONTE: Adaptada de Moisés, [3].

7.4.1.4   *Cogeração com motor alternativo*

Os motores alternativos têm altas eficiências. Eles estão disponíveis em uma variedade de tamanhos (75 kW – 50 MW) e podem usar uma variedade de combustíveis gasosos e líquidos.

Essas características têm feito deles a primeira alternativa para aplicações de cogeração no setor institucional, comercial e residencial, assim como no setor industrial, quando são requeridas baixas ou médias voltagens (EDUCOGEN *apud* PALOMINO). Segundo Conae *apud* Palomino, esse sistema produz a maior geração elétrica por unidade de combustível consumido, 34% a 40%, embora os gases residuais sejam de baixa temperatura.

Porém, nos processos em que se pode adaptá-los, a eficiência de cogeração alcança valores semelhantes às turbinas a gás. Com os gases residuais, pode-se produzir vapor ou água quente, conforme Figura 7.7.

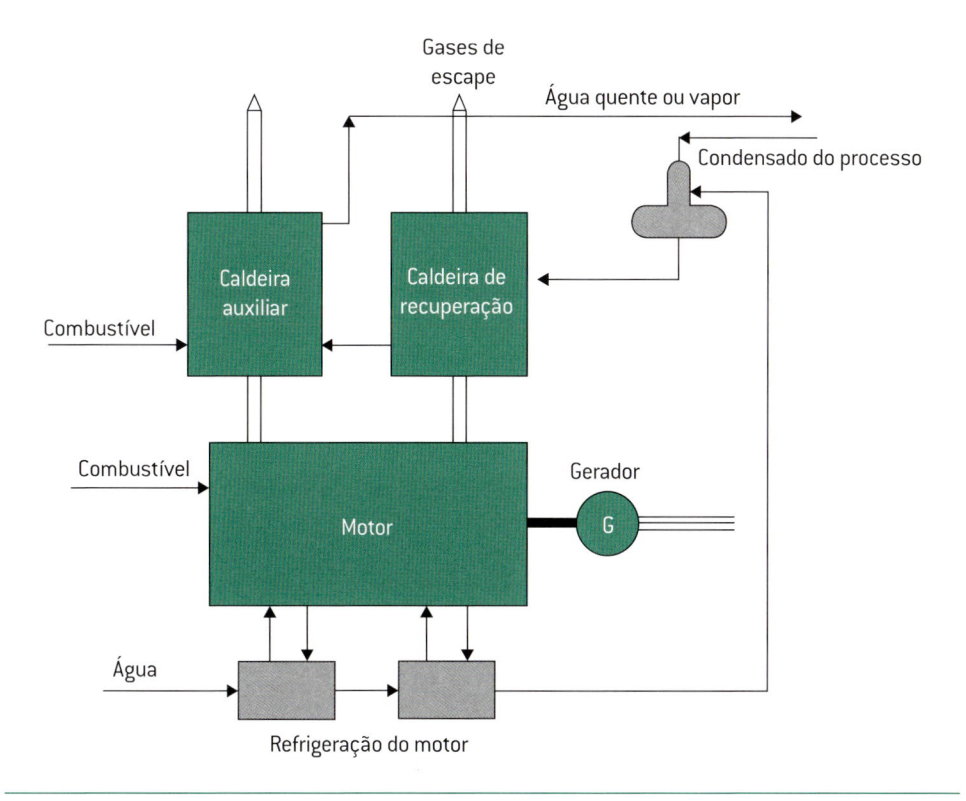

Figura 7.7 Cogeração com ciclo motor alternativo

FONTE: Palomino [5].

7.5 Climatização (ar-condicionado)

Climatização de ar é o processo de tratamento de ar destinado a controlar simultaneamente a temperatura, umidade, pureza e a distribuição de ar de um meio ambiente. Em alguns casos, até mesmo a pressão do ar ambiente pode ser controlada.

Climatização de conforto é o nome dado a aplicação de condicionamento em ambientes destinados tanto ao conforto humano ou animal. Já a climatização de processo é o condicionamento de um ambiente destinado ao desenvolvimento de um determinado processo industrial ou laboratorial.

Os sistemas de ar-condicionado a gás natural possuem uma série de vantagens, segundo a Comgás [7], tais como:

- redução no consumo de energia elétrica de até 99% aplicando *chillers* e de até 91% utilizando GHP (ver Seção 7.5.3);
- produção simultânea de água quente;
- baixo nível de ruído;
- redução da demanda de energia elétrica, possibilitando aquisição de geradores de energia de menor porte que podem manter inclusive o sistema de ar-condicionado a gás operando na falta de energia elétrica;

- operação com fluido refrigerante ecológico (água ou amônia no caso dos *chillers* ou R410a para os equipamentos do tipo GHP);
- estar disponível em várias capacidades (*chillers*: 3 a 6000 TR)/(GHP: 6 a 20 TR – sistema modular);
- ter baixo custo de operação e de manutenção em relação aos sistemas convencionais;
- ter instalação similar aos equipamentos convencionais;
- requerer menor investimento em instalações elétricas.

7.5.1   Os ciclos de refrigeração

O processo de climatização de ar está sempre associado a um processo mecânico de refrigeração e/ou aquecimento relacionado à termodinâmica e à mecânica dos fluidos, o que o distingue dos sistemas convencionais de ventilação.

A refrigeração, por sua vez, se baseia em um princípio físico em que todo gás, quando se expande bruscamente, tem sua temperatura diminuída; por exemplo, quando liberamos o conteúdo de uma embalagem em spray, nós sentimos que o spray está mais frio. Partindo desse conceito, surge a ideia de ciclo de refrigeração, que se constitui em um ciclo fechado (o gás que está dentro dele nunca se perde), no qual esse gás percorre determinado caminho.

Para diminuir a temperatura é necessário retirar energia térmica de determinado corpo ou meio. Através de um ciclo termodinâmico, o calor é extraído do ambiente a ser refrigerado e é enviado para o ambiente externo. O gás do sistema, chamado fluido refrigerante ou gás refrigerante, é o responsável pela variação de temperatura do ar, ou seja, é responsável pelo transporte do calor do ambiente interno para o ambiente externo. Esses ciclos são denominados de ciclos de refrigeração e são compostos por diversos componentes, os quais proporcionam uma condição de funcionamento que permite o retorno desse fluido refrigerante para a condição inicial no ciclo. Para exemplificar, podemos citar a seguinte situação: quando molhamos a palma de nossa mão com álcool, temos a impressão que ele está gelado, mas, na verdade, ao se vaporizar, o álcool retira o calor necessário da palma de nossa mão, causando a sensação de frio. Dessa forma, o fluido refrigerante retira o calor do ar por meio da sua mudança de estado (líquido para gasoso). Entre os ciclos de refrigeração, os principais são o ciclo de refrigeração por compressão, o ciclo de refrigeração por absorção. Esses ciclos, segundo o IEE/USP [8], utilizam dois caminhos distintos para trazer os vapores fervidos de volta ao estado líquido, reiniciando o ciclo. Um refrigerador pode utilizar um compressor para aumentar a pressão dos vapores (ou "gás refrigerante"), condensando-o por meio da elevação da pressão. Ao ser comprimido e condensado, o refrigerante cede calor, o qual precisa ser extraído por meio de um trocador de calor (normalmente expelindo o calor ao ar exterior). O compressor pode ser movido a eletricidade, como em todos os casos de ar-condicionado elétrico, mas também pode-se utilizar compressores associados a máquinas térmicas, como motores ou turbinas a gás (ver Figura 7.8).

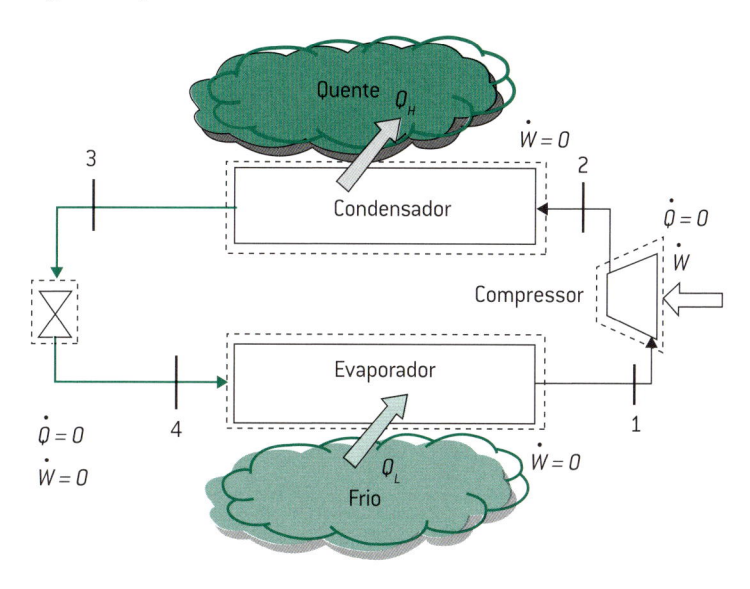

Figura 7.8 Ciclo de refrigeração por compressão

FONTE: IEE/USP [8].

Já o refrigerador de absorção usa um método diferente para resgatar o estado líquido do gás refrigerante. Sem utilizar qualquer parte móvel, a fonte de energia será o calor, fornecido por algum combustível. O processo básico da refrigeração por absorção não segue o ciclo termodinâmico. Esse ciclo segue o exemplo mais familiar da transpiração humana. A água mistura-se com sal e refrigera o corpo, transformando-se em suor expelido para a superfície da pele. A água do suor, carregando consigo moléculas quentes, entra em contato com o ar, o qual se encontra em movimento em relação ao corpo, portanto com maior capacidade para absorver moléculas quentes. Ocorre a evaporação, ou seja, a água é "absorvida" pelo ar, carregando o calor para fora do corpo. Os refrigeradores por absorção apenas diferem desse modelo na medida em que operam com refrigerante em um ciclo fechado. Os seres humanos operam com refrigerante em ciclo aberto e necessitam continuamente substituir a água perdida (isto é, o suor evaporado) bebendo mais água.

7.5.2 Equipamentos usados para sistemas de ar-condicionado

Os equipamentos utilizados podem ser divididos em resfriadores de líquido por absorção (*chillers*) e bombas de calor do tipo GHP (*gas heat pump*). O primeiro (ciclo de refrigeração por absorção) funciona por expansão indireta, ou seja, o refrigerante resfria um meio intermediário (exemplo, água) que, por sua vez, circula em uma serpentina que irá resfriar o ar a ser insuflado no ambiente. Já o segundo (ciclo de refrigeração por compressão) funciona tanto por expansão direta quanto indireta. Na expansão direta, o refrigerante absorve o calor diretamente do ar do ambiente a ser condicionado. A rejeição do calor pode ocorrer por meio da condensação a ar, sem torre de resfriamento, ou a água, com torre de resfriamento.

7.5.2.1 Resfriadores de líquido por absorção (chillers)

Em uma máquina de absorção existem duas substâncias: o refrigerante (água ou amônia), que realiza o ciclo de refrigeração completo, e o absorvente, que altera a pressão de vapor do refrigerante.

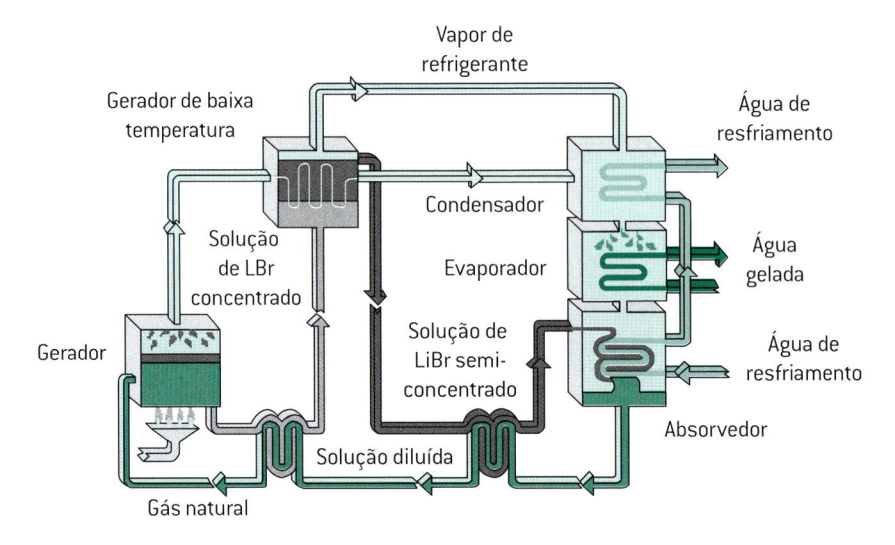

Figura 7.9   Resfriadores de líquido por absorção (chillers)

FONTE: Comgás [7].

A máquina de absorção divide-se em quatro partes principais:

- **Evaporador**

É a seção com trocador de calor tubular onde se produzirá a evaporação da água (refrigerante), a uma temperatura de aproximadamente 3 °C. O refrigerante absorve o calor latente da evaporação do sistema que se encontra no interior dos tubos, refrigerando e produzindo água até o limite mínimo de 4,5 °C.

- **Absorvedor**

No absorvedor ocorre a absorção de vapor de água por parte da solução concentrada de brometo de lítio (LiBr).

- **Gerador (concentrador)**

No concentrador se produz a evaporação e, portanto, a separação da água na solução diluída de brometo de lítio (LiBr), ou seja, a concentração do sal. Isso ocorre com fonte de calor direta (fogo direto) ou indireta (água quente ou vapor).

■ Condensador

Nesse trocador de calor se produz a condensação da água que se evaporou previamente no gerador. Essa água se pulverizará sobre os tubos do evaporador.

O ciclo de funcionamento, segundo a Comgás [7], ocorre da seguinte maneira:

- No evaporador ocorre a pulverização do refrigerante (água desmineralizada), sobre os tubos do trocador de calor. A água que circula pelo interior dos tubos proporciona ao refrigerante a energia suficiente para que absorva o calor latente da evaporação, passando do estado líquido ao gasoso. Essa absorção de energia por parte do refrigerante provoca o resfriamento da água que se encontra no interior dos tubos. A evaporação ocorre a uma pressão de aproximadamente 6 mmHg abs (0,007 atm), que corresponde a uma temperatura de evaporação de 3 °C, obtendo-se, dessa forma, água gelada até o limite mínimo de 4,5 °C.

- Sobre os tubos do trocador de calor do evaporador é produzida uma névoa de vapor de água que deve ser eliminada para que a evaporação da água prossiga. Debaixo do evaporador encontra-se o absorvedor. Nele, é produzida a pulverização de LiBr concentrado (63%), que absorve o vapor de água produzido no evaporador e se dilui. Essa reação de absorção é exotérmica, com a qual a solução diluída tende a aquecer-se e, por isso, necessita ser refrigerada para que continue produzindo, utilizando, para esse fim, água proveniente das torres de resfriamento. O LiBr diluído se deposita em uma bandeja de onde é captado por uma bomba, sendo recalcado para o gerador.

- No gerador, a fonte de calor fornece à solução diluída de LiBr a quantidade de calor necessária para provocar a evaporação e, portanto, a separação do refrigerante contido no LiBr. O refrigerante em forma de vapor passa então ao condensador. (O absorvedor se encontra a 7 mmHg, enquanto o gerador encontra-se 70 mmHg).

- No condensador, o refrigerante se condensa com água proveniente das torres de resfriamento e que previamente circulou pelo absorvedor. O refrigerante condensado cai, por gravidade, até o evaporador, e é depositado na bandeja de onde é bombeado até os pulverizadores, encerrando o ciclo.

Os *chillers* por absorção podem operar com LiBr ou amônia (Figura 7.10). Os sistemas que utilizam LiBr necessitam de torre de resfriamento (condensação a água) enquanto os sistemas que operam com amônia em seu ciclo não utilizam as torres (condensação a ar) e podem atingir temperaturas de até –20 °C (sistemas de refrigeração e câmaras frigoríficas). Pode-se aproveitar o calor rejeitado dos *chillers* para a produção simultânea de água quente.

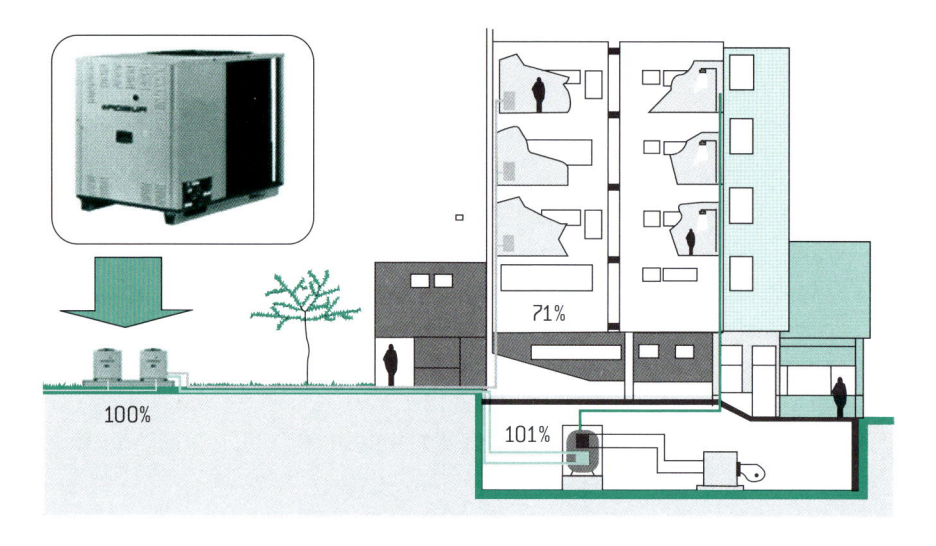

Figura 7.10   Resfriadores de líquido por absorção com amônia (*chillers*)

FONTE: Comgás [7].

7.5.2.2 *Bombas de calor do tipo GHP (gas heat pump)*

Nesses sistemas, um motor endotérmico a gás natural (GHP) é responsável pelo acionamento do compressor para realização desse trabalho mecânico. Esse tipo de equipamento pode trabalhar em duas configurações: expansão direta e indireta.

- Expansão direta: o refrigerante absorve o calor diretamente do ar do ambiente a ser condicionado (Figura 7.11).

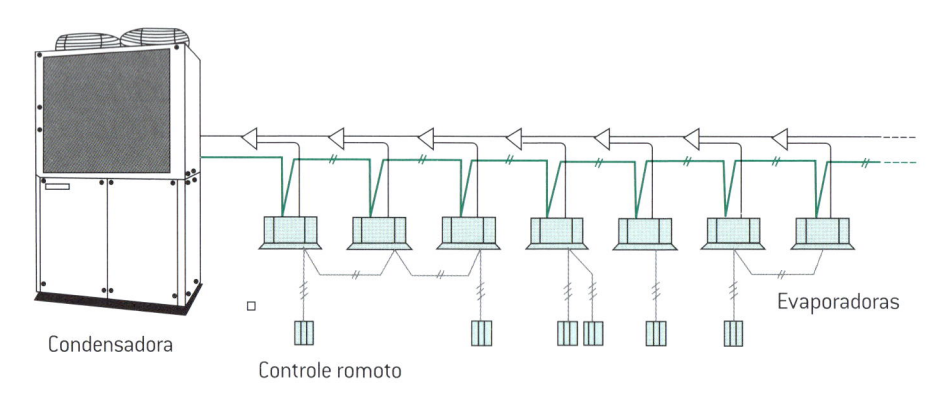

Figura 7.11   GHC por expansão direta

FONTE: Comgás [7].

- Expansão indireta: o refrigerante resfria um meio intermediário (por exemplo, água) que, por sua vez, circula em uma serpentina que irá resfriar o ar a ser insuflado no ambiente (Figura 7.12).

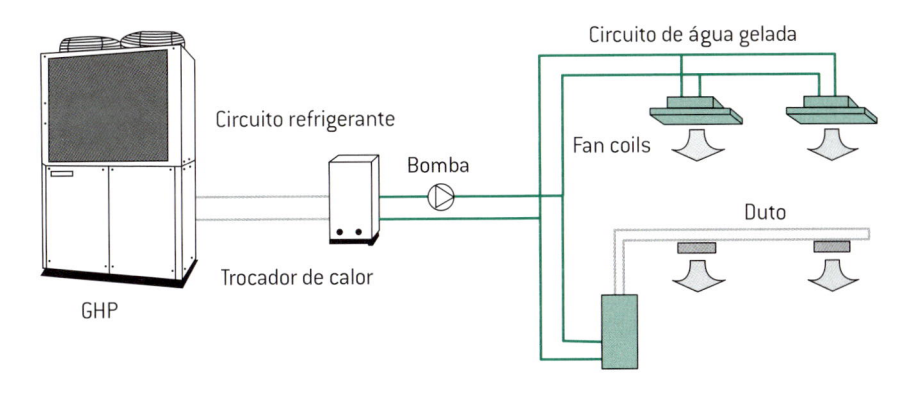

Figura 7.12 GHC por expansão indireta

FONTE: Comgás [7].

No caso de instalações utilizando expansão direta, a grande vantagem é o VRF (fluxo de refrigerante variável), ou seja, as condensadoras (unidades externas) enviam a quantidade de refrigerante necessária para as evaporadoras (unidades internas). Em outras palavras, a demanda térmica é atendida de maneira racional e econômica, pois apenas as áreas que necessitam ser climatizadas são atendidas, propiciando menor custo operacional. Isso é possível porque o motor endotérmico opera variando a rotação entre 800 a 2.200 rpm aproximadamente.

Outra importante vantagem do equipamento é poder operar como expansão indireta. Nessa condição é necessário um trocador de calor em que, de um lado, circula o refrigerante e, do outro lado, a água que se deseja resfriar, ou seja, o equipamento passa a operar como um *chiller* de condensação a ar.

Pode-se ainda flexibilizar a instalação em que o sistema venha a operar simultaneamente como expansão direta e expansão indireta, tendo sua eficiência significativamente aumentada, já que, dessa forma, é possível condicionar ambientes distintos com a mesma unidade condensadora (simultaneidade). Em sistemas convencionais são necessários dois tipos de condicionador, um para cada ambiente, desprezando-se a simultaneidade e, consequentemente, perdendo-se em eficiência.

Para aproveitar ao máximo as possibilidades dessa tecnologia é possível ainda produzir água quente enquanto os equipamentos estiverem operando para climatização de ambientes, aumentando ainda mais a eficiência do sistema, pois parte do rejeito térmico é reaproveitado, reduzindo o consumo de energia que seria necessária para produção de água quente por métodos convencionais.

O sistema GHP pode ainda promover o aquecimento de ambientes durante o inverno através da inversão do ciclo (bomba de calor).

Através da configuração "3 tubos", o sistema GHP pode promover o aquecimento e resfriamento de ambientes diferentes simultaneamente durante o período de meia estação, proporcionando maior conforto aos usuários.

7.6   Referências bibliográficas

[1] COMPANHIA DE GÁS DE SÃO PAULO – Comgás. **Quero ser cliente Comgás. Gás Natural na minha indústria. Segmentos industriais.** Disponível em: <www.comgas.com.br>. Acesso em: 30 nov. 2009.

[2] COMPANHIA DE GÁS DE SÃO PAULO – Comgás. **Aplicações do gás natural no comércio.** Disponível em: <www.comgas.com.br>. Acesso em: 15 fev. 2010.

[3] MOISÉS, Marcos Aurélio Martins. **Benefícios da cogeração a gás natural para o estado de São Paulo.** 2008. 157 f. Dissertação (Mestrado) – Escola de Engenharia Mauá, São Caetano do Sul, 2008.

[4] ASSOCIAÇÃO FLUMINENSE DE COGERAÇÃO DE ENERGIA – Cogenrio. **Cogeração.** Rio de Janeiro, 2010. Disponível em: <http://www.cogenrio.com.br>. Acesso em: 15 fev. 2010.

[5] PALOMINO, R. Gonzales. **Cogeração a partir de gás natural: Uma abordagem política, econômica, energética, exergética e termoeconômica.** 2004. 141 f. Dissertação (Mestrado em Engenharia Mecânica) – Faculdade de engenharia mecânica – Comissão de pós-graduação em engenharia mecânica, Universidade Estadual de Campinas, Campinas, 2004.

[6] HOVARTH, Celso Júnior et al. **Cogeração a gás natural no segmento de papel e celulose.** 2009. 115 f. Monografia (extensão de Eficiência Energética Industrial) – Faculdade de Engenharia Mecânica, Universidade Estadual de Campinas, Campinas, São Paulo. 2009.

[7] COMPANHIA DE GÁS DE SÃO PAULO – Comgás. **Aplicações do gás natural no comércio. Sistemas de Ar-Condicionado a Gás Natural.** Disponível em: <www.comgas.com.br>. Acesso em: 15 fev. 2010.

[8] INSTITUTO DE ELETROTÉCNICA E ENERGIA DA UNIVERSIDADE DE SÃO PAULO – IEE/USP. **Cátedra do gás – *"Roadmap"* Instalações Internas de Gases Combustíveis.** Disponível em: <http://catedradogas.iee.usp.br>. Acesso em: 20 fev. 2010.

8

Segurança do gás natural aplicada à indústria e ao grande comércio

8.1 Introdução

O quesito segurança possui um papel fundamental no momento atual em que atravessa a sociedade do mundo moderno. Trata-se do típico mais importante em atividades ligadas a inflamáveis e ao qual tem sido dada importância crescente nos últimos anos, em face da evolução dos requisitos normativos e regulatórios.

O uso do gás natural na indústria e no grande comércio no Brasil tem se dado com elevados padrões de segurança, os quais são inclusive estipulados não apenas por meio de exigências regulatórias e normativas nacionais, mas também pelas normas internas das próprias empresas concessionárias.

A segurança no uso do gás natural envolve, além dos assuntos ligados à abordagem tradicional da segurança e higiene do trabalho, uma gama de assuntos específicos de abordagem relativamente recente no Brasil, tais como a análise de riscos e a classificação de áreas. Esses dois tópicos têm em comum a abordagem probabilística que os embasam, e cuja utilização tende a ser crescente na segurança ligada ao gás natural.

A NBR 15358 [1] estabelece requisitos para redes de distribuição interna da indústria no que tange ao seu projeto, construção, materiais e equipamentos usados, comissionamento etc., sendo que muitos deles estão ligados a análise de riscos e classificação de áreas, como, por exemplo, localização de CRMs e SIRPs. Outro ponto de fundamental importância na segurança de uma rede interna de distribuição de gás, do qual trata a aludida norma, é a segurança contra sobrepressões, de forma a assegurar que a pressão máxima admissível não seja ultrapassada, o que pode levar a ocorrência de acidentes. No que se refere à aplicação do gás propriamente dita, nos diversos equipamentos, há que se levar em conta os requisitos da NBR 12313 [2] relacionados à segurança na combustão.

No setor do grande comércio, para redes de distribuição interna com pressões de até 150 kPa, aplica-se a NBR 15526 [3] e também, na área de concessão da Comgás, o RIP [4].

Este capítulo aborda conceitos básicos ligados à análise de riscos, classificação de áreas, proteção contra sobrepressão e segurança na combustão. Os aspectos de segurança ligados a construção, comissionamento e operação das redes internas de gás natural são abordados no Capítulo 5.

8.2   A análise de riscos

De uma maneira geral, em todo o mundo, até o início da década de 1970, a questão da segurança na indústria era tratada no âmbito das empresas, sem maiores interferências externas (do governo ou do público). Uma característica marcante dessa época era o fato de o enfoque de segurança ser baseado em aspectos determinísticos embutidos nas normas e códigos de projeto. Era um período em que havia uma ênfase exagerada na produção. A partir do início da década de 1970, começaram a surgir os primeiros sinais de insatisfação de algumas parcelas da população, de autoridades governamentais e de alguns setores da própria indústria. Alguns acidentes de grande repercussão durante as décadas de 1970 e 1980, tais como o da Vila Socó, em Cubatão, em 1984 (com 100 mortos), o de Bhopal, na Índia, em 1984 (com 2.500 mortos e mais de 10.000 feridos), fizeram com que essa abordagem viesse a ser questionada. Como consequência, segundo a Cetesb [5], em 2003, técnicas e métodos já amplamente utilizados nas indústrias bélica, aeronáutica e nuclear passaram a ser adaptados para a realização de estudos de análise e avaliação dos riscos associados a outras atividades industriais, em especial nas áreas de petróleo, química e petroquímica, o que obviamente é amplamente aplicável à indústria do gás natural. Para o caso da indústria do gás natural, análises de risco são amplamente usadas para a gestão das áreas de segurança e de ativos, bem como para a classificação de áreas (ver Seção 8.3).

8.2.1   Fundamentos para a realização de análises de risco

Segundo a Institution of Gas Engineers and Managers (Igem) [6], a análise de risco se constitui em um processo no qual são investigados aspectos inerentes à segurança e à saúde de determinada planta, processo ou atividade. Essas análises podem, por exemplo, tomar como base requisitos regulatórios ligados a higiene e segurança do trabalho, ou se constituírem em um instrumento de suporte para propiciar a gestão da segurança e identificar as responsabilidades. As etapas básicas de uma análise de risco são:

- busca dos perigos (implica na classificação da atividade em questão e respectiva identificação de riscos);
- identificação de quem ou o que possa ser afetado e de que maneira;
- identificação dos riscos provenientes dos perigos;
- quantificação dos riscos;
- identificação e avaliação das medidas de controle existentes (barreiras);
- avaliação da gravidade dos riscos existentes;
- preparação (se for o caso) de um plano de ação com medidas para mitigar os riscos (medidas mitigadoras);
- registro da análise;
- revisão periódica da análise de riscos.

A Figura 8.1 ilustra uma visão geral do processo de análise de riscos.

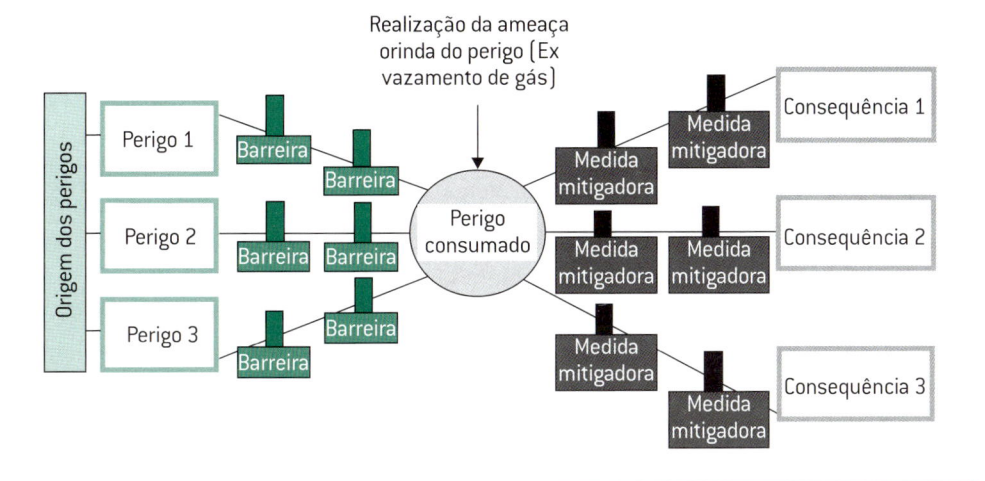

Figura 8.1   Visão geral da análise de riscos

FONTE: Comgás.

Segundo a Cetesb [5], a análise de riscos pode ser realizada por muitas técnicas disponíveis e, dependendo do empreendimento a ser analisado e do detalhamento necessário, devem-se utilizar as metodologias mais adequadas para o caso em estudo. Essa etapa poderá ser precedida da elaboração de uma análise histórica de acidentes, com vista a subsidiar a identificação dos perigos na instalação em estudo. Entre as diversas técnicas utilizadas para a identificação de perigos, as mais comumente utilizadas são:

- Análise Preliminar de Perigos (APP);
- Análise de Perigos e Operabilidade (Hazard and Operability Analysis – Hazop).

A Análise Preliminar de Perigos (Preliminary Hazard Analysis – PHA), segundo a Cetesb [5], é uma técnica que teve origem no programa de segurança militar do Departamento de Defesa dos EUA. Trata-se de uma técnica estruturada que tem por objetivo identificar os perigos presentes numa instalação, que podem ser ocasionados por eventos indesejáveis. A APP deve focalizar todos os eventos perigosos cujas falhas tenham origem na instalação em análise, contemplando tanto as falhas intrínsecas de equipamentos, de instrumentos e de materiais, como erros humanos. Na APP devem ser identificados os perigos, as causas e os efeitos (consequências), bem como as categorias de severidade correspondentes (Tabela 8.1), além das observações e recomendações pertinentes aos perigos identificados, devendo os resultados ser apresentados em planilha padronizada.

Tabela 8.1   Exemplo de planilha para APP

Perigo	Causa	Efeito	Categoria de severidade	Observações e recomendações

FONTE: Cetesb [5].

A Análise de Perigos e Operabilidade (Hazop) é, segundo a Cetesb [5], uma técnica para identificação de perigos projetada para estudar possíveis desvios (anomalias) de projeto ou para a operação de uma instalação. Consiste na realização de uma revisão da instalação, a fim de identificar os perigos potenciais e/ou problemas de operabilidade por meio de uma série de reuniões, durante as quais uma equipe multidisciplinar discute metodicamente o projeto da instalação. Para tal, é usado um conjunto de palavras-guias que focalizam os desvios dos parâmetros estabelecidos para o processo ou operação em análise. Essa equipe analisa o processo, no sentido do seu fluxo natural, aplicando as palavras-guias em cada nó de estudo, possibilitando assim a identificação dos possíveis desvios nesses pontos. Alguns exemplos de palavras-guias, parâmetros de processo e desvios, estão apresentados nas Tabelas 8.2 e 8.3.

Tabela 8.2   Palavras-guias

Palavra-guia	Significado
Não	Negação da intenção de projeto
Menor	Diminuição quantitativa
Maior	Aumento quantitativo
Parte de	Diminuição qualitativa
Bem como	Aumento qualitativo
Reverso	Oposto lógico da intenção de projeto
Outro que	Substituição completa

FONTE: Cetesb [5].

Tabela 8.3 Parâmetros, palavras-guias e desvios

Parâmetro	Palavra-guia	Desvio
Fluxo	Não	Sem fluxo
	Menor	Menos fluxo
	Maior	Mais fluxo
	Reverso	Fluxo reverso
Pressão	Menor	Pressão baixa
	Maior	Pressão alta
Temperatura	Menor	Baixa temperatura
	Maior	Alta temperatura
Nível	Menor	Nível baixo
	Maior	Nível alto

FONTE: Cetesb [5].

Na Hazop, procuram-se identificar as causas de cada desvio e, caso surja uma consequência de interesse, devem ser avaliados os sistemas de proteção para determinar se estes são suficientes. A técnica é repetida até que cada seção do processo e equipamento de interesse tenha sido analisada. Os principais resultados obtido do Hazop são:

- identificação de desvios que conduzem a eventos indesejáveis;
- identificação das causas que podem ocasionar desvios do processo;
- avaliação das possíveis consequências geradas por desvios operacionais;
- recomendações para a prevenção de eventos perigosos ou minimização de possíveis consequências.

A Tabela 8.4 apresenta um exemplo de planilha utilizada para o desenvolvimento da análise de perigos e operabilidade.

Tabela 8.4 Exemplo de planilha para Hazop

Palavra-guia	Parâmetro	Desvio	Causas	Efeitos	Observações e recomendações

FONTE: Cetesb [5].

Um aspecto crucial desse processo é a quantificação dos riscos. De acordo com o Igem [6], em algumas situações, o ranqueamento dos riscos pode ser feito qualitativamente, classificando-os como alto, médio e baixo. Existem situações, no entanto, em que é requerida maior exatidão, e uma abordagem quantitativa se faz necessária. É o caso, por exemplo, de classificação de áreas, bastante aplicada nas indústrias que militam com combustíveis inflamáveis, em particular o gás natural. Outro ponto fundamental é a avaliação da gravidade dos riscos. Como não existe risco zero, usa-se alguma classificação entre desprezível ou aceitável, tolerável e inaceitável de acordo com a probabilidade:

- aceitável ou desprezível implica o reconhecimento de que a probabilidade de ferimento/fatalidade é desprezível e que não se justifica a tomada de medidas para a sua redução;
- inaceitável significa que o nível de risco não pode ser tolerado e que atividade, serviço ou processo não pode ser executado;
- tolerável implica o fato de que pode haver a convivência com o nível de risco em questão, sendo recomendável a contínua revisão das suas causas para a sua atenuação.

8.3   Classificação de áreas

A classificação de áreas se constitui em uma questão essencial para a utilização de qualquer material inflamável, em particular o gás natural, na indústria, em virtude de várias razões, tais como:

- minimizar riscos de acidentes;
- subsidiar a seleção de equipamentos elétricos e instrumentação de campo em geral e medição de maneira segura e econômica;
- atender a requisitos regulatórios e legais;
- fornecer subsídios para a localização de equipamentos e instalações de gás.

O assunto ainda é recente, mas tem ganhado uma importância crescente nos últimos anos no Brasil, em virtude de uma maior conscientização da comunidade técnica acerca do tema e do aumento da exigência ligadas à segurança do trabalho e a utilização crescente de equipamentos e instrumentos elétricos/eletrônicos.

Em instalações típicas de gás natural nas indústrias é difícil assegurar que a presença de uma atmosfera explosiva de gás nunca irá ocorrer, e, portanto medidas de segurança devem ser tomadas no sentido de minimizar a possibilidade de explosões. Segundo a NBR IEC 60079-10 [7], há duas maneiras de se lidar com essa situação:

- eliminação a probabilidade de ocorrência de uma atmosfera explosiva de gás ao redor da fonte de ignição;
- eliminação da fonte de ignição.

Ocorre, no entanto, que essas medidas muitas vezes não são passíveis de serem executadas de maneira integral e a abordagem de segurança é feita no sentido de se assegurar que a probabilidade de ocorrência simultânea dos eventos aqui citados seja suficientemente baixa para ser considerada como aceitável. Tais medidas podem ser utilizadas independentemente, se estas forem reconhecidas como sendo altamente confiáveis, ou em combinação, para atingir um nível equivalente de segurança. Essas medidas, conforme veremos a seguir, abrangem a prevenção da ocorrência da atmosfera perigosa e/ou da proteção contra explosão de equipamento elétrico, de modo a evitar que esse equipamento se torne uma fonte de ignição.

8.3.1 Fundamentos de classificação de áreas

A classificação de áreas, segundo a NBR IEC 60079-10 [7], é um método de análise e classificação dos ambientes onde uma atmosfera explosiva de gás possa ocorrer, de modo a facilitar a adequada seleção e instalação de equipamentos a serem utilizados com segurança nesses locais. A sua aplicação resulta na elaboração de um desenho da instalação em questão, que ilustra uma avaliação do grau de risco (probabilidade) de formação de atmosferas explosivas e fornece subsídios para a escolha adequada do equipamento/instrumento elétrico que pode ser usado de acordo com a sua técnica de proteção. Diante do exposto, em situações em que exista uma maior possibilidade de ocorrência de uma atmosfera explosiva de gás, a confiabilidade é obtida pela utilização de equipamentos que possuam uma baixa probabilidade de se tornar fontes de ignição. Em caso contrário, é viável usar equipamentos construídos com requisitos menos rigorosos e que sejam, possivelmente, menos custosos.

A avaliação do grau de risco leva em conta:

- As características da substância inflamável que pode estar presente no local, tais como a densidade, o ponto de fulgor, a temperatura de ignição e os limites de inflamabilidade. Elas são classificadas em grupos de acordo com o seu comportamento durante a explosão.
- Os contornos da área em que existe o risco da presença da mistura explosiva, o que depende da condição de dispersão das misturas gasosas, tendo em vista as condições de ventilação.
- A probabilidade de essa substância estar presente no meio externo, o que caracteriza a classificação das áreas propriamente dita, as quais podem ser enquadradas como:
  - zona 0: áreas onde a atmosfera explosiva está presente durante longos períodos;
  - zona 1: áreas onde uma atmosfera explosiva pode ocorrer em operação normal;
  - zona 2: áreas onde uma atmosfera explosiva não ocorre em operação normal; se ocorrer, será por pouco tempo.

A Figura 8.2 ilustra uma classificação de áreas.

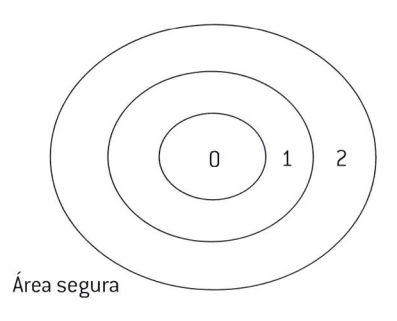

Área segura

Figura 8.2   Classificação de áreas

A maioria das áreas de instalações inerentes à distribuição do gás natural, tais como as industriais, enquadram-se no conceito de zona 2 (por exemplo, flanges e roscas) e zona 1 (por exemplo, respiros de válvulas de alívio). As instalações de gás nas indústrias muitas vezes são executadas no interior das construções, o que exige um estudo de ventilação para assegurar a dispersão adequada das misturas gasosas.

8.3.2   Técnicas de proteção

Os princípios básicos das técnicas de proteção são:

- confinamento – um compartimento capaz de resistir à pressão desenvolvida durante uma possível explosão, não permitindo a propagação para áreas vizinhas;
- segregação – uma separação física entre a atmosfera explosiva e a fonte de ignição;
- supressão – técnica na qual se controla a fonte de ignição de forma a que não possua energia elétrica e térmica suficiente para detonar a atmosfera explosiva.

A aplicação desses princípios resultou em uma série de modalidades de técnicas de proteção, conforme descrito na Tabela 8.5 e nas seções a seguir:

Tabela 8.5   Técnicas de proteção e seus respectivos princípios

Método de Proteção	Código	Normas aplicáveis	Zonas	Princípios
Invólucro à prova de explosão	Ex d	NBR 5363 e IEC 79-1	1 e 2	Confinamento
Invólucro pressurizado	Ex p	NBR 5420 e IEC 79-2	1 e 2	Segregação
Encapsulamento	Ex m	IEC 79-18	1 e 2	
Imersão em óleo	Ex o	–	1 e 2	
Imersão em areia	Ex q	IEC 79-5	1 e 2	
Segurança intrínseca	Ex ia	NBR 8447 e IEC 79-11	0, 1 e 2	Supressão
	Ex ib		1 e 2	
Segurança aumentada	Ex e	NBR 9883 e IEC 79-7	1 e 2	
Não acendível	Ex n	IEC 79-15	2	

8.3.2.1 *Invólucros à prova de explosão [Ex d]*

Trata-se do confinamento da explosão junto à fonte de ignição, evitando que a combustão se propague para a vizinhança do equipamento (Figura 8.3). Dessa forma, a fonte de ignição pode permanecer em contato com a atmosfera explosiva, havendo assim a possibilidade de ocorrência de uma explosão dentro do invólucro. Este, no entanto, suporta a pressão interna desenvolvida durante a explosão e impede a propagação das chamas, gases quentes ou temperaturas de superfície. Os invólucros normalmente são construídos de alumínio ou ferro fundido e possuem interstícios estreitos e longos. Os cabos elétricos que entram e saem do invólucro devem ser conduzidos com eletrodutos e instalados com unidades seladoras.

É uma técnica relativamente tradicional e cara, e de difícil manutenção, pois requer a realização de inspeções periódicas no invólucro. Não é possível ajustar ou substituir componentes com o equipamento energizado.

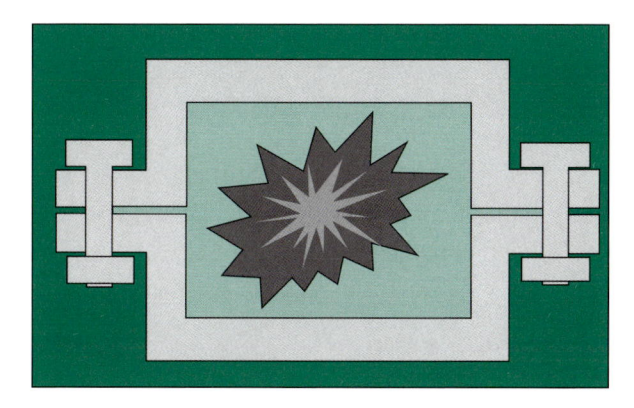

Figura 8.3   Invólucro à prova de explosão

8.3.2.2 *Invólucro pressurizado [Ex p]*

Essa técnica é baseada em se manter presente no interior do invólucro uma pressão positiva superior à pressão atmosférica de modo a evitar que uma mistura inflamável entre em contato com partes que possam causar ignição (Figura 8.4). Para o seu uso se faz necessário, por ocasião da sua reenergização do invólucro na área classificada, realizar uma operação de purga com um gás de proteção.

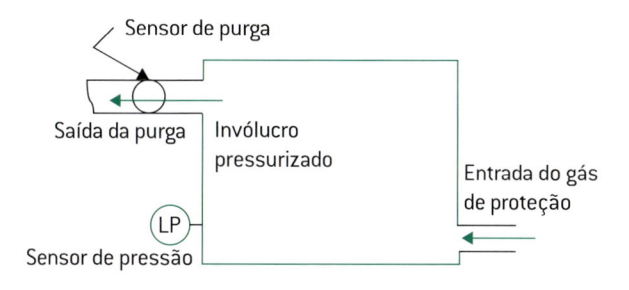

Figura 8.4   Invólucro pressurizado

8.3.2.3 Encapsulamento (Ex m)

Essa técnica consiste em impedir que os componentes elétricos dos equipamentos e/ou instrumentos entrem em contato com a atmosfera explosiva, envolvendo-os normalmente com uma resina (Figura 8.5) ou isolando-os em uma ampola com vácuo. Esse tipo de proteção normalmente é complementar a outros tipos e tem a finalidade básica de evitar curtos-circuitos acidentais. Essa técnica é empregada em geradores de pulsos tipo *reed-switch* em medidores de gás usados nas indústrias.

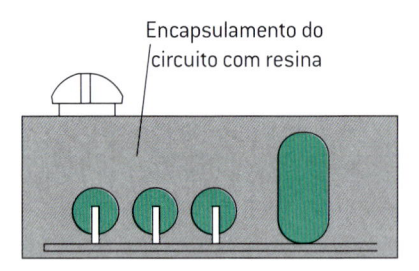

Figura 8.5   Encapsulamento

8.3.2.4 Imersão em óleo (Ex o) e imersão em areia (Ex q)

Nessas técnicas, o invólucro do equipamento elétrico é preenchido com um material (óleo ou areia de granulometria adequada) de modo que em condições de serviço não haja nenhum arco que seja capaz de inflamar a atmosfera ao redor do invólucro.

8.3.2.5 Segurança intrínseca

Essa técnica é baseada na construção de equipamentos e/ou instrumentos com circuitos intrinsecamente seguros, os quais não liberam energia elétrica (faísca) ou térmica suficiente para, em condições normais ou anormais de uso, causar a ignição de uma atmosfera explosiva.

O conceito de segurança intrínseca surgiu a partir de acidentes em minas de carvão mineral da Inglaterra, no início do século XX (Figura 8.6). Com o tempo, observou-se que o uso de circuitos com baixa tensão não era suficiente para evitar uma detonação, uma vez que os longos fios de interligação armazenavam grande potência. Havia necessidade de limitar essa energia, impedindo a ignição da mistura.

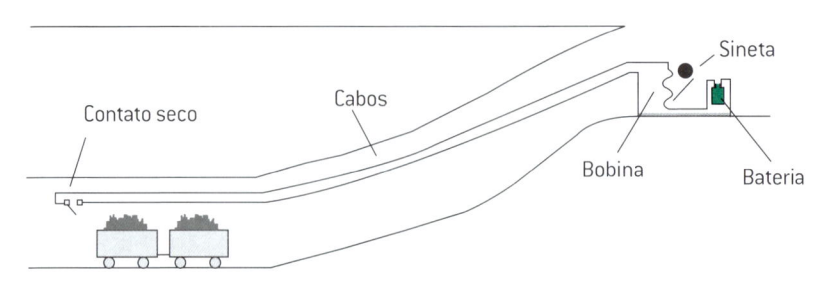

Figura 8.6   Ilustração do conceito de segurança intrínseca

Sendo um conceito de projeto, essa técnica não exige instalações especiais, o que faz com que seja a mais utilizada em instalações elétricas localizadas nas áreas classificadas de estações de gás nas indústrias. Há, no entanto, cuidados a serem tomados por ocasião da conexão de instrumentos concebidos por essa técnica, localizados em áreas classificadas, com outros equipamentos/instrumentos localizados em áreas seguras. Segundo Jordão [8], segurança intrínseca é um conceito de sistema, e por isso a segurança está apoiada no modo pelo qual ambos, o equipamento na área classificada e o equipamento na área não classificada ao qual está interligado, são interconectados e instalados. Isso é muito diferente de outros tipos de proteção em que somente a proteção elétrica dos circuitos que estão na área não classificada é suficiente, uma vez que na área classificada o equipamento é projetado para manter a segurança ou minimizar o risco a partir de uma segregação seguida de falha do equipamento. Existem, portanto, vários elementos que precisam ser considerados quando definimos um sistema intrinsecamente seguro. Equipamentos elétricos interligados a equipamentos de segurança intrínseca são denominados equipamentos associados e contêm normalmente circuitos intrinsecamente seguros e circuitos não intrinsecamente seguros. São construídos de modo que a parte de não segurança intrínseca não pode afetar adversamente os circuitos de segurança intrínseca. Para assegurar essa proteção, utilizam-se interfaces apropriadas (por exemplo, barreiras de proteção ou isoladores galvânicos) que evitam que uma grande quantidade de energia seja transmitida para a área classificada.

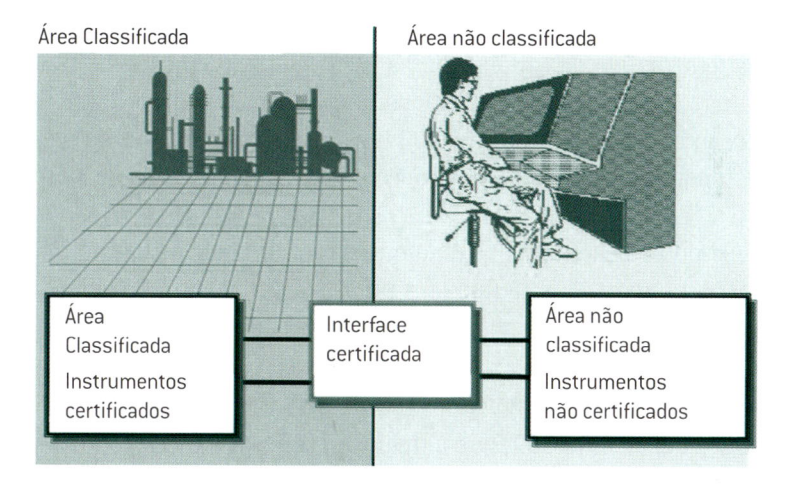

Figura 8.7 Ilustração do conceito de sistema de segurança intrínseca

8.3.2.6 *Segurança aumentada (Ex e)*

Consiste na aplicação de medidas construtivas adicionais de maneira a diminuir drasticamente a probabilidade de que o equipamento ocasione arcos, centelhas ou altas temperaturas. Alguns exemplos dessas medidas são o aumento das distâncias de isolação, o uso de terminais antifrouxantes, proibição de terminais com cantos vivos etc.

8.3.2.7 Segurança aumentada (Ex n)

Consiste na aplicação do conceito de probabilidade no que tange à ocorrência de defeitos capazes de provocar ignições em condições normais de operação.

Seus princípios são baseados:

- na não ocorrência de centelhas por meio do uso de dispositivos centelhantes protegidos, componentes não acendíveis, dispositivos selados, circuitos de energia limitada etc.;
- no não desenvolvimento de temperaturas de superfície elevadas.

8.4 Fundamentos de proteção contra sobrepressão

O propósito de um sistema de proteção contra sobrepressão é o de manter a pressão a jusante de um regulador em um valor máximo e seguro. Para efeito didático, o sistema pode ser delineado em quatro constituintes como segue:

- Regulador de pressão – possui pressões admissíveis diferentes entre os lados de entrada e saída. A pressão máxima suportada pelo regulador em seu lado de entrada corresponde, normalmente, à classe de pressão do corpo (150# por exemplo), ao passo que no lado de saída existem o mecanismo, diafragma, e materiais construtivos que limitam a máxima pressão por ele suportada.
- Tubulação – em função do material, das conexões e das normas construtivas do tubo, determina-se qual a pressão máxima suportada pelo sistema, em virtude da tubulação.
- Carga – representada pelos equipamentos consumidores do gás (queimadores, aquecedores, fornos etc., ou mesmo outros reguladores secundários).
- Sistema de proteção contra sobrepressão (dispositivos de segurança).

Conhecendo-se cada um dos elementos do sistema e as parcelas de pressão máximas por eles suportadas, define-se a pressão máxima admissível pelo sistema, não podendo esse valor ser ultrapassado, sob pena de ocorrerem danos à instalação e acidentes pessoais.

De acordo com a NBR 15358 [1], os conjuntos de regulagem e medição (CRM) e conjuntos de regulagem (CR), que alimentam redes de distribuição de gás natural em instalações industriais, devem ser projetados e instalados de forma a evitar condições de pressão perigosas para as redes de distribuição interna por eles servidas. Para tal devem ser previstos dispositivos de segurança no seu projeto, os quais são dimensionados conforme a necessidade da aplicação e levando em conta o fato do fluxo de gás poder ou não ser interrompido, tais como válvulas de alívio, válvulas de bloqueio por sobrepressão e válvulas de bloqueio por excesso de fluxo. A NBR 15358 [1] prevê a aplicação desses dispositivos tanto de forma individual como em conjunto, como, por exemplo, válvula de alívio associada com válvula de bloqueio, aumentando assim a segurança no que tange à probabilidade de falha de algum desses dispositivos. A NBR 15526 [3], que se aplica ao grande comércio, estipula também o uso de dispositivos de segurança, especificando a sua quantidade mínima, conforme a Tabela 8.6

Tabela 8.6 Quantidade mínima de dispositivos de segurança (instalações comerciais com pressões de até 150 kPa)

PE (Pa)	Quantidade mínima	Dispositivos de segurança (opções aplicáveis)
PE ≤7,5	0	
7,5 <PE ≤ 700	1	– Válvula de bloqueio automático por sobrepressão ou – válvula de alívio pleno (se vazão máx. regulador ≤ 10 m3ih GN ou ≤ 12 kg/h GLP), ou – dispositivo de segurança incorporado conforme EN 88-1 ou – limitador de pressão (se PS ≥50 kPa).
PE > 700	2	– Válvula de bloqueio automático por sobrepressão ou – regulador monitor, ou – limitador de pressão (se PS ≥ 50 kPa).

FONTE: NBR 15526 [3].

NOTAS EXPLICATIVAS:
PE = pressão de entrada (pressão a montante do regulador de pressão);
PS = pressão de saída (pressão a jusante do regulador de pressão).

Os métodos de proteção contra sobrepressão (por meio do uso de dispositivos de segurança) podem se classificar em dois grupos: proteção por alívio e proteção por contenção. A Figura 8.8 ilustra um sistema de proteção com método de proteção por alívio. A seguir, encontram-se descritas de forma resumida algumas modalidades de proteção contra sobrepressão.

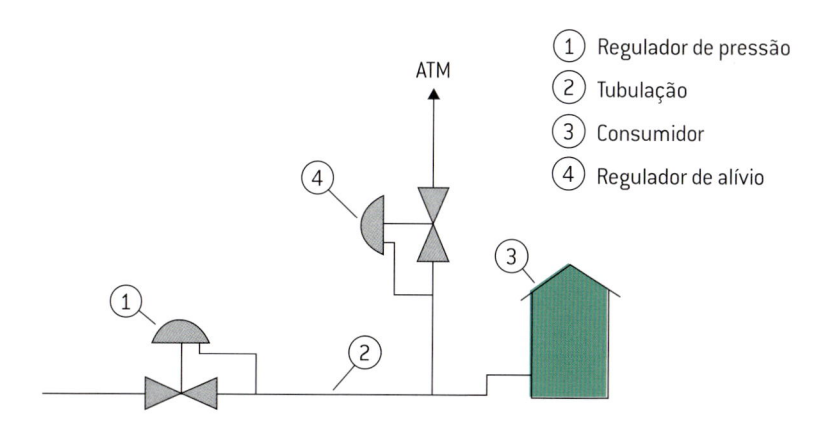

1 Regulador de pressão
2 Tubulação
3 Consumidor
4 Regulador de alívio

Figura 8.8 Proteção contra sobrepressão por alívio

8.4.1 Proteção por alívio

Nesse grupo, incluem-se as válvulas de alívio, definidas como qualquer dispositivo que deixe escapar gás para a atmosfera, a fim de manter-se a pressão a jusante de um regulador em um valor máximo e seguro (ver Capítulo 4). Enquanto uma válvula redutora de pressão necessita que a pressão a jusante diminua, em relação ao ponto de ajuste, para que ocorra o aumento da sua capacidade de vazão, as válvulas de alívio necessitam que a pressão aumente, também em relação ao ponto de ajuste, para que atinjam a sua capacidade máxima de vazão. O aumento de pressão, acima do ponto de ajuste necessário para que a válvula de alívio atinja a posição totalmente aberta, é denominado acumulação e é expresso em termos de porcentagem de acumulação (por exemplo, 10%) ou em termos de pressão (por exemplo, 5 psi). Essa característica faz das válvulas de alívio uma ferramenta eficaz para a proteção contra sobrepressão.

8.4.2 Proteção por contenção

Nesse método, não há o alívio de gás para a atmosfera, o que em algumas aplicações é tecnicamente viável. Algumas modalidades de proteção por contenção são: proteção por sistema de bloqueio; proteção por contenção por regulação em série; proteção por contenção por regulação tipo monitor espera; proteção por contenção por regulação tipo monitor ativo e proteção por contenção por sistema monitor alívio.

8.4.2.1 *Proteção por sistema de bloqueio*

Nesse caso, a válvula de bloqueio (ver Capítulo 4), instalada a montante do regulador (Figura 8.9), corta o fornecimento de gás ao usuário em caso de sobrepressão.

As vantagens apresentadas pelo sistema de bloqueio são o baixo custo e o fato de não reduzir a capacidade de vazão do regulador. As desvantagens são o bloqueio do fornecimento de gás ao usuário e o fato de requerer a intervenção de um operador para recolocá-la em operação.

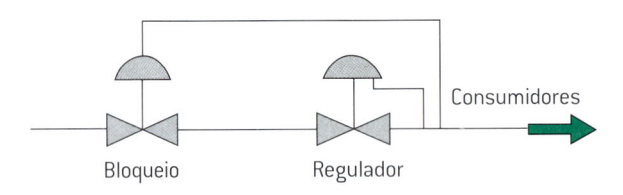

Figura 8.9   Proteção contra sobrepressão por bloqueio

FONTE: Emerson Process Management [9].

8.4.2.2 *Proteção por contenção por regulação em série*

Nesse caso, utilizam-se dois reguladores de pressão, conforme indicado esquematicamente na Figura 8.10. Nesse arranjo, como exemplo, o primeiro regulador reduz a pressão de 2,10 MPa para 0,69 MPa, e o segundo de 0,69 MPa para 0,34 MPa. No caso de falha do primeiro regulador, o segundo assume o controle, sendo a pressão final do sistema mantida em um valor bastante próximo do originalmente ajustado. No caso de falha do segundo regulador, o primeiro assume o controle; no entanto, a pressão final do sistema será bastante diferente da originalmente ajustada. As vantagens apresentadas pela regulação em série são a não ocorrência do corte do fornecimento de gás ao usuário e o fato de, em condições normais, ambos os reguladores operarem, realizando a redução da pressão em dois estágios. Por outro lado, as desvantagens dessa forma de proteção são o custo inicial mais elevado e a dificuldade em se detectar uma eventual falha do primeiro regulador.

Segundo a Emerson Process Management [9], essa modalidade de proteção contra sobrepressão é recomendada para estações nas quais a pressão de saída é significativamente menor que a máxima pressão de operação da entrada da estação. Tal recomendação é oriunda da dificuldade de controle da pressão de saída. Torna-se difícil estabelecer pressões de ajustes próximas nos dois reguladores pois, em assim o fazendo, a perda de carga do segundo regulador seria pequena e, como consequência, o seu dimensionamento seria dificultado.

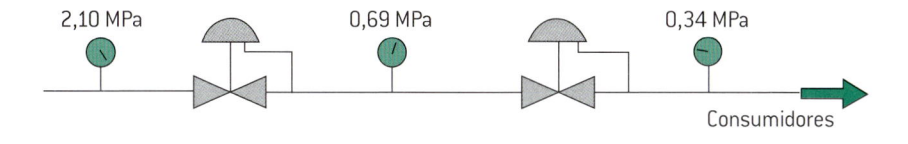

Figura 8.10   Proteção contra sobrepressão por regulação em série

FONTE: Emerson Process Management [9].

8.4.2.3 *Proteção por contenção por regulação tipo monitor espera*

Nesse caso, é utilizado o sistema monitor de espera, conforme ilustrado na Figura 8.11. Esse arranjo difere daquele utilizado na regulação em série, pois ambos os reguladores "sentem" a mesma pressão de saída. A título de exemplo, o primeiro regulador é ajustado em 0,45 MPa e o segundo em 0,41 MPa. Como a pressão final do sistema é mantida em 0,41 MPa pelo segundo regulador, o primeiro, ajustado em 0,45 MPa, fica totalmente aberto na tentativa de que a pressão a jusante seja recuperada ao seu valor de ajuste.

Em caso de falha de qualquer um dos reguladores, o outro assumirá o controle, mantendo a pressão final do sistema em um valor bastante próximo do originalmente ajustado (0,41 MPa ou 0,45 MPa) conforme o regulador que vier a falhar. Esse sistema opera igualmente bem, qualquer que seja o regulador escolhido para permanecer totalmente aberto (a montante ou a jusante), dependendo apenas da preferência pessoal do usuário e do ponto de ajuste selecionado para cada um dos reguladores. As vantagens apresentadas pelo sistema monitor de espera são a não ocorrência de corte do fornecimento de gás ao usuário e o fato de possibilitar a manutenção da pressão bastante próxima do ponto de ajuste, em caso de emergência (falha de qualquer um dos reguladores). As desvantagens são o custo inicial mais elevado, a dificuldade de se detectar falhas em um dos reguladores e a diminuição da capacidade de vazão dos reguladores.

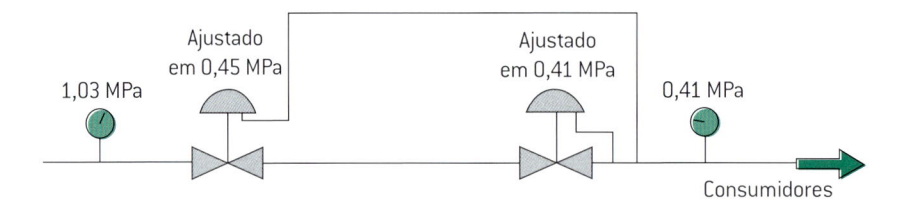

Figura 8.11   Proteção contra sobrepressão por regulação tipo monitor espera

FONTE: Emerson Process Management [9].

8.4.2.4 *Proteção por contenção por regulação tipo monitor ativo*

Esse arranjo diferencia-se do sistema monitor de espera, pois, em situação normal, ambos os reguladores permanecem em operação. Nesta configuração, o regulador a montante é obrigatoriamente do tipo piloto-operado (possui dois pilotos com pontos de ajuste diferenciados), ao passo que o regulador a jusante poderá ser do tipo aço direta ou piloto-operado.

A título de exemplo (Figura 8.12), o regulador a jusante está ajustado em 0,41 MPa; o piloto do regulador a montante que "sente" a pressão de saída do sistema está ajustado em 0,45 MPa, enquanto o piloto que "sente" a pressão entre ambos os reguladores está ajustado em 0,69 MPa. Em operação normal, a pressão de saída do sistema (0,41 MPa) é "sentida" pelo piloto do regulador a montante (ajustado em 0,45 MPa), o qual fica totalmente aberto, permitindo que o piloto ajustado em 10,69 MPa; reduza a pressão de entrada para uma pressão intermediária entre os dois reguladores (0,69 MPa). Dessa forma, ambos os reguladores são operacionais, reduzindo a pressão em dois estágios. Em caso de falha do regulador a montante, o outro assume o controle, mantendo a pressão do sistema em 0,41 MPa. Em caso de falha do regulador a jusante, a pressão intermediária diminui ao mesmo tempo em que a pressão de saída do sistema aumenta; o piloto do regulador a montante, ajustado em 0,69 MPa, passa para a posição totalmente aberta, o piloto ajustado em 0,45 MPa assume o controle e mantém a pressão final do sistema em um valor próximo ao ajustado inicialmente. As vantagens apresentadas pelo sistema monitor ativo são a não ocorrência de corte de gás ao usuário, o fato de a pressão ser mantida próxima ao ponto de ajuste inicial em caso de falha de qualquer um dos reguladores e a operação simultânea de ambos os reguladores. As desvantagens são o custo inicial mais elevado, a dificuldade em se detectar a ocorrência de falha nos reguladores e a diminuição da capacidade de vazão dos reguladores.

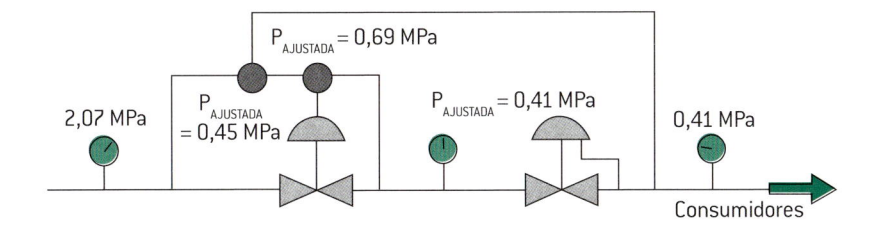

Figura 8.12 Proteção contra sobrepressão por regulação tipo monitor ativo

FONTE: Emerson Process Management [9].

8.4.2.5 *Proteção por contenção por sistema monitor alívio*

O funcionamento desse sistema (Figura 8.13) é análogo aos sistemas monitor apresentados anteriormente (espera ou ativo), apenas incluindo-se uma válvula de alívio, o que representa uma forma extrema de proteção contra sobrepressão.

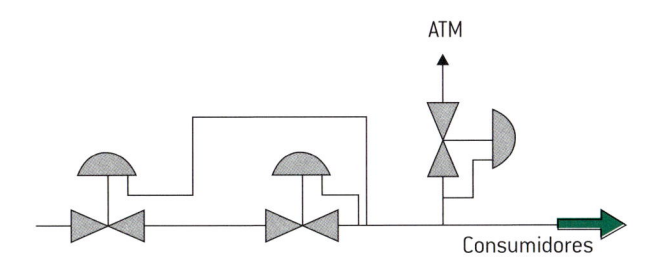

Figura 8.13 Proteção contra sobrepressão por regulação tipo monitor alívio

FONTE: Emerson Process Management [9].

8.5 Segurança na combustão do gás natural

A segurança na combustão do gás natural é um assunto bastante específico e que deve ser tratado por profissionais especializados no que se refere à avaliação dos riscos envolvidos. Corner [10] destaca a importância do retrocesso de chama, fenômeno que pode se tratar desde um simples *pop*, ao apagar o queimador de um fogão doméstico, até um acidente de grandes consequências atingindo as fontes de suprimento de gás. Visani [11] destaca que os requisitos dos sistemas de combustão de qualquer equipamento dependem do método de operação e do grau de automação requerido. Portanto, o sistema instalado pode variar desde a operação manual, com algumas operações supervisionadas por intertravamentos, até operações totalmente automáticas. Cabe citar que o uso de automação e sistemas de intertravamentos requer uma abordagem específica no que tange à segurança da sua operação. A NBR 12313 [2] estipula os requisitos mínimos para sistemas de combustão, instalados em estabelecimentos comerciais ou industriais, no que diz respeito à segurança para as condições de partida, operação e parada de equipamentos que utilizam gás. São consideradas as seguintes condições, em função das temperaturas nas superfícies internas da câmara de trabalho e ou processo:

- abaixo ou igual a 750 °C (1.023 °k), em que sua temperatura normal de trabalho seja insuficiente para promover a ignição do combustível;
- acima de 750 °C (1023 °k), em que sua temperatura normal de trabalho seja suficiente para promover a ignição do combustível.

Alguns pontos de destaque nesse documento são:

- enfoque na qualidade dos componentes dos sistemas de combustão;
- amplo campo de aplicação, o qual abrange equipamentos que operem cíclica ou esporadicamente em alta temperatura e queimadores cujas chamas estejam parcial ou totalmente confinadas;
- proteção contra alta ou baixa pressão;
- velocidade máxima do gás nas tubulações e através dos componentes;
- operação de pré-purga na câmera de combustão;
- requisitos dos bloqueios de segurança em função da potência, número de queimadores e temperatura do processo.

Visani [11] enfatiza a necessidade do uso de sistemas de proteção de chama, os quais têm a finalidade de evitar a ocorrência de situações de risco, preservando a integridade física dos operadores e o próprio equipamento. As suas principais funções são:

- assegurar que o correto procedimento de ligação seja sempre seguido;
- impedir fornecimento de gás ao queimador até o estabelecimento da chama piloto;
- bloquear a passagem do gás quando houver ausência de chama e exigir rearme manual;
- não ser atuado por chama que não tenha condições de acender a chama principal;
- não ser "enganado" por condições que simulem chama;
- suportar as condições do seu ambiente de trabalho, tais como temperatura, vibrações e variações de voltagem;
- efetuar autoverificação para prevenir contra falha insegura.

O principal componente dos sistemas de proteção de chama são os sensores de chama, que são essencialmente dispositivos que informam ao sistema de proteção de chama a presença, ou ausência, da chama que estão monitorando (e somente desta), utilizando uma de suas propriedades (produção de calor, emissão de "luz" na faixa do infravermelho ao ultravioleta ou a ionização da atmosfera dentro e em torno da chama), conforme descriminado adiante.

8.5.1 Sistemas de proteção de chama baseados na produção de calor

São utilizados em equipamentos de pequena potência térmica em virtude do longo tempo de resposta (de 30 a 50 segundos). Para tal se utilizam os termopares e os termômetros bimetálicos (ver Capítulo 5).

8.5.2 Sistemas de proteção de chama baseados no uso de sensores óticos

Têm com base o princípio de que as chamas irradiam energia na forma de ondas que produzem luz, podendo esta ocorrer na forma de luz visível, raios infra-vermelho e raios ultravioleta (Figura 8.14).

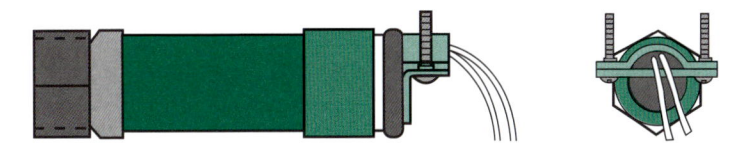

Figura 8.14   Sensor ótico de proteção de chama

FONTE: Honeywell [12].

8.5.3 Sistemas de proteção de chama baseados em ionização

Utilizam como elemento sensor o eletrodo de chama (*flame rod*) que utiliza o princípio de que a chama conduz corrente elétrica quando um potencial é aplica-do por meio dela. Apresentam resposta à ausência de chama (de 2 a 4 segundos) e podem estar submetidos a altas temperaturas. Por outro lado, necessitam de chama piloto estável e área de aterramento adequada.

8.6   Referências bibliográficas

[1] ASSOCIAÇÃO BRASILEIRA DE NORMAS TÉCNICAS – ABNT. NBR 15358 – Redes de distribuição em instalações comerciais e industriais – Projeto e Execução. Rio de Janeiro, 2006. 28 p.

[2] ASSOCIAÇÃO BRASILEIRA DE NORMAS TÉCNICAS – ABNT. NBR 12313 – Sistema de combustão – controle e segurança para utilização de gases combustíveis em processos de baixa e alta temperatura. Rio de Janeiro, 2000. 33 p.

[3] ASSOCIAÇÃO BRASILEIRA DE NORMAS TÉCNICAS – ABNT. NBR 15526 – Redes de distribuição interna para gases combustíveis em instalações residenciais e comerciais – Projeto e execução. Rio de Janeiro, 2009. 44 p.

[4] COMPANHIA DE GÁS DE SÃO PAULO – Comgás. RIP – Regulamento de instalações prediais. Disponível em: <www.comgas.com.br>. Acesso em: 25 jan. 2010.

[5] COMPANHIA AMBIENTAL DO ESTADO DE SÃO PAULO – Cetesb. Norma P4.261 – Ma-nual de orientação para a elaboração de estudos de análise de risco. São Paulo, 2003. 42 p.

[6] THE INSTITUTION OF GAS ENGINEERS AND MANAGERS. IGE/SR/24. Risk assess-ment and techniques. Londres, 1999. 46 p.

[7] ASSOCIAÇÃO BRASILEIRA DE NORMAS TÉCNICAS – ABNT. NBR IEC 60079-10: 2009 Atmosferas explosivas parte 10-1 – Classificação de áreas – Atmosferas explosivas de gás. Rio de Janeiro, 2009. 63 p.

[8] JORDÃO, Dácio de Miranda. **Manual de instalações elétricas em indústrias químicas, petroquímicas e de petróleo – Atmosferas explosivas 3. ed.** Rio de Janeiro: Qualitymark, 2002. p. 800.

[9] EMERSON PROCESS MANAGEMENT. **Principles of series regulation and monitor regulators control.** Disponível em: <http://www.emersonprocess.com/home>. Acesso em: 25 jan. 2010.

[10] CORNER , Fernado da Costa. **Retrocesso de Chama.** Disponível em: <www.gasbrasil.com.br>. Acesso em: 14 set. 2003.

[11] VISANI, Millo. **Sistemas de combustão.** Apostila do curso de atualização em gases combustíveis. Liceu de Artes e Ofícios de São Paulo. São Paulo, 2006.

[12] HONEYWELL. **Control products catalog.** Disponível em: <http://www.tecmedpaineis.com.br/honeywell/honeywell.pdf>. Acesso em: 25 jan. 2010.